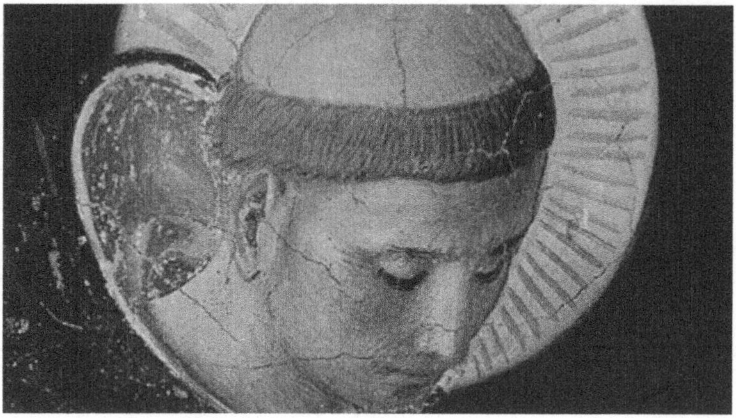

NEOTOMISMO, MECANICISMO Y DISEÑO INTELIGENTE

Fernando Ruiz Rey

NEOTOMISMO, MECANICISMO Y DISEÑO INTELIGENTE

Por Fernando Ruiz Rey.
Médico psiquiatra.Raleigh, NC. USA

EAN 13- 978-0692384473 (OIACDI)
ISBN 10 - 0692384472

Fecha de publicación: Febrero 8, 2014
Filosofía de la Ciencia

Diseño de portada e interior: Mario A. Lopez

Impreso y encuadernado en Estados Unidos de América.

OIACDI

Organización Internacional para el avance científico del Diseño Inteligente

INDICE

SOBRE EL AUTOR

Fernando Ruiz Rey es
graduado de la Universid
en 1965. Trabajó tres añc
de Psiquiatría de esa Uni
a los EEUU con su fami
University Medical C
participó en entrenam
cinco años, para luego
como psiquiatra clínico en Raleigh, Wake
público y práctica privada. Posteriorm
sobre psiquiatría geriátrica por dos añ
revisar numerosos temas relacionados a
medicina y de la psiquiatría en particul
actividad, publicó en el Portal de Ps
artículos, incluyendo un libro electró
ética aplicada al ejercicio de la prof
últimos años se ha sumado al esfue
artículos relacionados al DI, su carác
críticos desde la teología escolástica t
libro acerca de las dificultades de
darwiniana para dar cuenta adecuad
psicológicos, y de la cultura en ge
darwiniana: una hipótesis en receso
esposa en Raleigh, NC, cerca de sus

NOTA PRELIMINAR

Una crítica importante de la Tesis del Diseño Inteligente (TDI), y fundamental para muchos autores neotomistas, es considerar que esta tesis cae en una visión 'mecanicista' de la naturaleza y del mundo. Esto significa una fragrante infracción para la filosofía aristotélico-Tomista, lo que para muchos autores, de esta afiliación, constituye una transgresión inaceptable de la TDI. Hay que reconocer que bajo la denominación de neotomismo (practicantes del Tomismo en la actualidad para enfrentar los problemas contemporáneos) se encuentra una variedad de posiciones teóricas que difieren en diversos aspectos entre ellas, y que tampoco corresponden exactamente a los vastos escritos de Santo Tomás; en este sentido se debe mencionar que algunos autores interpretan al teólogo de una manera rígida y distorsionante. Muchos neotomistas han incorporado ideas de otros acercamientos filosóficos contemporáneos, una situación que, por lo demás, ha ocurrido a lo largo de la historia del Tomismo. De modo que se encuentran variaciones en las críticas y en la aceptación de los argumentos del Diseño Inteligente (DI) en el vasto campo intelectual del neotomismo. El neotomismo no es una doctrina filosófica oficial de la Iglesia Católica, pero cuenta con muchos adherentes, y algunos de ellos con una visión tradicional y estrecha, refiriéndose a esta tesis como: filosofía perenne, como la denominó Pio X (1); no es de extrañar entonces, que muchos fieles católicos adscriban a las críticas formuladas por los numerosos autores que simpatizan con esta corriente filosófica.

Sin embargo, es importante notar que el tomismo compartió con el escotismo y el nominalismo las cátedras universitarias europeas durante varios siglos, y que su influencia en la Iglesia Católica no fue predominante hasta el siglo XIX. Es también oportuno mencionar que el aristotelismo tuvo una significativa influencia en la historia del pensamiento tomista. Como ya he mencionado, la tesis neotomista no es la doctrina oficial del catolicismo, aunque sea usado por algunos apologetas. El neotomismo se considera en la actualidad como una postura filosófica independiente, válida o criticable, solo en atención al mérito de sus proposiciones teóricas.

Me interesa en este ensayo clarificar lo que se entiende por 'mecanicismo', y la influencia que ha jugado en el desarrollo de la ciencia moderna. El mecanicismo como concepción de la naturaleza tiene raíces que se hunden en sectores del pensamiento griego, pero en nuestra Civilización Occidental coge fuerza e influencia en el Siglo XVII, por lo que es oportuno revisar brevemente este capítulo de la historia del pensamiento científico-filosófico, y las contracorrientes que se generaron. Como la filosofía mecanicista se gesta en reacción al aristotelismo y al escolasticismo Tomista-aristotélico, y, como la TDI recibe muchas críticas del neotomismo, he estimado oportuno revisar las ideas centrales de la tesis Tomista, particularmente en lo referente a sus fundamentos metafísicos y a la concepción de la 'naturaleza' y sus operaciones; una visión general de esta filosofía resulta indispensable para entender el significado filosófico del 'mecanicismo', y las objeciones del neotomismo a la TDI. Este sumario ocupa el segundo capítulo de esta serie. No es necesario señalar que esta tarea está condenada a ser limitada y superficial ante la complejidad y extensión de esta densa materia filosófico-teológica.

El tercer capítulo está dirigido a presentar un esquema de la concepción mecanicista de la naturaleza, particularmente en ciencia, comenzando con las ideas de René Descartes que condensan el núcleo del mecanicismo del Siglo XVII, para seguir señalando las modificaciones que surgen con Isaac Newton con la incorporación de la fuerza gravitacional y el establecimiento de la mecánica moderna. Se señala la continuidad histórica de la tesis mecanicista que ha dominado la ciencia hasta nuestros días. Se mencionan también esquemáticamente, los movimientos opuestos al mecanicismo que surgieron como reacción a la concepción mecánica del mundo, particularmente de la biología, mencionando brevemente el vitalismo y la Teoría General de Sistemas.

En la cuarta sección de este trabajo presento una corta descripción de la Tesis del Diseño Inteligente como una proposición teórica nacida de la ciencia para resolver el enigma de la aparición de las estructuras complejas y especificadas en biología --sustento de la vida orgánica—, acaecido en el curso de la historia del universo. Presento luego, una corta recapitulación de las ideas centrales del mecanicismo en ciencia, para señalar los cambios que trajo en la concepción de los objetos naturales, en contraste con la filosofía de la naturaleza de la tradición escolástica, y así facilitar la comprensión de las inquietudes del neotomismo frente a la TDI, sus críticas y resistencia a considerar esta Tesis como perfectamente legítima para enfrentar la emergencia histórica de algunos fenómenos naturales, imposibles de ser explicados en base a un naturalismo sustentado en las leyes naturales en el contexto del azar. En este capítulo comienzo el análisis de la TDI en conexión al mecanicismo, y reviso brevemente la concepción de 'causas segundas' de la tradición escolástica, que se esgrime como un impedimento insalvable para la consideración de la TDI.

En el quinto y último capítulo de este trabajo, presento en forma concisa algunas críticas de mecanicismo a la TDI

Capítulo I

NEOTOMISMO

Filosofía escolástica aristotélico-Tomista. Después de la Patrística emerge gradualmente lo que se ha venido a llamar la Escolástica, por gestarse en las escuelas cristianas de la Edad Media. La vida intelectual de la escolástica se cuenta en siglos, con influencias múltiples, tanto de autores clásicos griegos, como de intelectuales del seno mismo de la Iglesia; se trata de una larga e interesante historia del pensamiento humano, que en un comienzo fue turbulenta con fuertes tensiones entre dialécticos y místicos, entre aristotélicos y platónicos, que se afanaban por lograr una comprensión de la relación de la fe y de la razón, y en deslindar el terreno de la teología y de la filosofía.

Es importante tener presente que, en general, la escolástica bajo la influencia de Santo Tomás, se constituyó en un movimiento intelectual fundamentalmente de tipo racionalista, en el sentido de que los escolásticos tenían la convicción de que la razón es para ser usada en la explicación de la verdad espiritual, para la defensa de las verdades de la fe, y no, para probar con ella las verdades religiosas fundamentales reveladas. El escolasticismo siguiendo la tradición Tomista, toma una 'actitud realista', en la que el mundo real es independiente de la subjetividad humana, y que su conocimiento es en base a la captación de las formas de las cosas reales; este conocimiento es una 'presentación' mental del mundo externo; lo subjetivo, lo propio del sujeto para el conocimiento del mundo, no se consideraba significativo para el saber. (1) Pero esto no significa que la filosofía en la Edad Media fuera un paño intelectual homogéneo, ni siquiera en la Iglesia Católica, puesto que hubieron diferentes corrientes de pensamiento que tuvieron acogida en importantes universidades y en distintas órdenes religiosas, como es el caso del escotismo Duns Scotus (1266-1308)) y el nominalismo de William de Ockham (d. 1549).

La época de oro de la escolástica ocurre alrededor del siglo XIII, y una de las figuras más importantes es Tomás de Aquino (1224-1275). Aquino sintetizó los aportes metafísicos y epistemológicos de Aristóteles con legados platónicos y de los Padres de la Iglesia, y naturalmente, con la tradición de la fe cristiana. Su ingente e importante obra tuvo una fuerte influencia en el pensamiento escolástico, ordenando la teología e incorporando ideas aristotélicas a la filosofía cristiana, y legó una actitud objetiva del conocimiento, es decir, se centró en el objeto, no en el sujeto, apartándose en este sentido de la antigua tradición agustiniana.

La influencia de la filosofía Tomista en la Iglesia Católica se acentúa particularmente en el siglo XIX con el reconocimiento y el impulso explícito recibido de la carta encíclica del Papa León XIII: Aeternis Patris (1879) (2) en el contexto cultural del desarrollo del pensamiento protestante y de las ideas de la Ilustración. Copleston reconoce que: "...existe la tendencia a haber de facto conexión entre Tomismo y Catolicismo"...pero, el Tomismo

"...no es parte de la fe Católica." (3:247). En la actualidad, piensa Copleston, el Tomismo es considerado una corriente filosófica reconocida en cuanto tal, aunque algunos autores lo utilicen para efectos apologéticos. Sin embargo, creo que se debe reconocer que algunas enseñanzas de la Iglesia Católica se apoyan en la teología Tomista.

Estudio de la naturaleza. Para los escolásticos, siguiendo las enseñanzas de Tomás de Aquino, la visión de la naturaleza es fundamentalmente de inspiración aristotélica. Concorde con esta influencia, los escolásticos estaban claros que para lograr una comprensión de la naturaleza era necesario un estudio constante y esmerado de las cosas materiales sensibles; en otras palabras, no se entregaban a la especulación desdeñando el mundo sensible para llegar directamente a la verdad. Sino que, una vez que reunían 'los hechos' visibles de las cosas, con el uso de la razón se remontaban cuidadosamente en búsqueda de las leyes que ordenan y prestan unidad a la naturaleza. Para los escolásticos la naturaleza tiene un orden real, está articulada de modo que la razón puede captar sus formas. (3)

Tomás de Aquino articula la visión realista de la naturaleza siguiendo a Aristóteles y Boecio, y distingue el estudio de las propiedades sensibles --empíricas-- de la naturaleza, que correspondería al estudio de lo que llamamos actualmente ciencias de la naturaleza; este es un acercamiento más bien detallado de los objetos naturales, y permanece fundamentalmente en el nivel de lo concreto. En cambio, la metafísica para Aquino, comienza también a nivel de lo

fuente el principio de actividad para la materia indeterminada y pasiva. Esta actividad provista por la forma tiene la peculiaridad de ser movimiento con 'tendencias' específicas que otorgan a los seres naturales un movimiento dirigido, una actividad hacia una meta o fin. La naturaleza está dotada entonces, de una actividad teleológica, su movimiento está dirigido a una meta. Pero, el principio de individuación de las cosas naturales no depende de la forma, sino de la materia; es la materia la primariamente responsable de que, por ejemplo, un gato sea ese gato y no otro. De esta manera, Santo Tomás separa la esencia de las cosas (todas las cosas de la misma naturaleza), de los individuos particulares con esa naturaleza. De este modo, muchos individuos en la naturaleza, poseen la misma esencia específica. (4:7) (Hay muchos gatos, pero solo una esencia de gato.) En esta individualización no se trata de solo materia prima, sino que de: materia signata; en esto Santo Tomás continúa con las enseñanzas de Aristóteles, quien sostiene que las cosas son uno en número, cuando la materia es una, Santo Tomás escribe: "Porque la materia según que se mantiene bajo dimensiones designadas [sub dimensionibus signatis], es principio de individuación de la forma." (5) De modo que la materia inevitablemente bajo la influencia de la forma (ya que los números se pueden considerar especificaciones formales), adquiere esa propiedad de uno, de individualización.

La forma es creada por Dios, se habla de ideas ejemplares o divinas en la mente de Dios; naturalmente la materia es también una creación divina. La forma es lo espiritual conformador de los objetos naturales y de sus características específicas, y además es susceptible de ser captada por la racionalidad humana (agente cognoscente activo: intellectus agens), posibilitando así el conocimiento de la naturaleza; la forma también permite la percepción del brillo de la acción divina por parte del ser humano (agente potencial: intellectus possibilis).

El ser es para Aquino, lo que nuestro entendimiento percibe como lo más conocido de una cosa, y es el asiento fundamental en el que se muestran todas las ideas de los objetos, que se consideran ideas aditivas al ser. Aquino opera bajo el supuesto que el entendimiento del hombre es capaz de captar el ser, y la esencia de las cosas bajo las apariencias empíricas, en un proceso racional-intuitivo que comienza con las imágenes sensibles. En cierto modo, la metafísica es una construcción intelectual desde la base concreta de las cosas hacia arriba, para lograr captar lo más espiritual e inteligible, sustraído de la percepción de las cosas. Este estudio es por tanto la ciencia espiritual por excelencia, pero con un empirismo inicial de base. (4) Copleston señala que Aquino da una importancia epistemológica muy significativa a la experiencia sensible, incluso para el conocimiento de objetos no materiales: "Las cosas incorpóreas de las cuales no hay imágenes, nos son conocidas por medio de su relación a cuerpos sensibles, de los cuales hay imágenes. (S.T., 1ª, 84, 7, ad 3)" (3:58). Copleston agrega que para Aquino esta limitación gnoseológica –la dependencia de lo sensible--, hace imposible para el ser humano, el conocer –penetrar-- la esencia de Dios; si esto fuera posible Dios perdería su trascendencia para convertirse en una creatura más. Santo

Tomás piensa que el hombre solo puede ver con su raciocino lo que Dios no es; por eso esta teología se llama también 'teología negativa'.

El ser es naturalmente creado por Dios, que es el Ser por esencia del que participan el ser de las criaturas. Así la trascendencia de Dios se hace clara, como también la conservación del ser que Dios provee a su creación; esta conservación del ser es un acto de creación constante. El ser de lo creado es la intimidad máxima de los objetos creados, y ésta, está constantemente apoyada (creada) por Dios, incluyendo sus operaciones y potencias, sin que las creaturas pierdan su actividad propia como lo propone el ocasionalismo, ni tampoco se anule su autonomía para caer en el determinismo. (6)

Las ideas de esencia y existencia están íntimamente relacionadas con el ser. Para Santo Tomás son dos conceptos diferentes de aspectos diferentes de las realidades concretas de los objetos finitos. La esencia es como hemos visto, lo que una sustancia natural es, con sus características y su comportamiento; lo que la cosa es. La existencia se refiere a la actualidad del ser, la esencia realizada en la materia prima para ser forma sustancial: ente natural; la existencia viene a ser un acto de realización de la esencia. La existencia, se puede decir, es la fundación de la esencia misma, puesto que si no existe, no hay esencia de un objeto natural, no es accesible. Esta actualidad del ser de los entes, cambia, adviene y desaparece en los seres finitos. Los seres creados --los objetos naturales--, poseen una esencia que se percibe sin la necesidad de existir, con lo que se apunta a que su existencia es contingente de la voluntad de Dios; pero esto no quiere decir que la esencia --ni como tampoco la materia prima ni la existencia--, existan independientemente de la sustancia (recordar el 'empirismo' de Aquino, este parte de la experiencia concreta en su análisis metafísico).

Como las formas son creadas por Dios, se puede decir que las esencias existen en Dios como ideas divinas; las esencias provienen de Dios. En los seres finitos la esencia se realiza por el acto de la existencia (naturalmente también dependiente de Dios), con lo que la existencia es contingente de la creación divina. En cambio, la naturaleza de Dios tiene una esencia con la necesidad de existencia, por lo que la existencia es parte constitutiva de su esencia, no es algo contingente. En Dios la esencia y la existencia se identifican completamente. De acuerdo a Copleston (3:83), la metafísica de Aristóteles se preocupó primariamente de lo que las cosas son, esto es, la 'esencia'; en cambio. Aquino puso énfasis en la 'existencia' de las cosas, en el acto de existir. Por lo demás esta diferencia no es de extrañar si recordamos que para Aristóteles el mundo y su contenido son eternos, y para Santo Tomás son productos de un acto creador de Dios; dos creencias –supuestos-- diferentes de la elaboración metafísica de estos filósofos.

Otra categoría para estudiar y entender el ser son los conceptos metafísicos de acto y potencia; esta categoría se encuentra en todos los seres finitos (todos pueden cambiar a otro estado), en cambio la categoría forma/materia se aplica solo a los seres materiales (no a los ángeles). Toda cosa finita está constituida de acto y potencia, esto es, toda cosa es algo definitivo de hecho (acto), pero no es todo lo que puede ser (potencia); el agua por ejemplo puede convertirse en vapor, una tabla puede ser dividida, una semilla llega a ser árbol, etc. Santo Tomás no dice qué es lo que se desarrollará o qué forma tomará el desarrollo de potencia a acto. Un organismo vivo es una unidad en desarrollo, un ser finito mezcla de acto y potencia en movimiento a la realización total de la forma (3:99).

Las categorías de forma y materia, de sustancia y accidente y de acto y potencia, tienen la utilidad (intelectual) de explicar la permanencia y el cambio de los entes finitos. Con estas categorías es posible entender la constante variabilidad de los objetos naturales, conservando su identidad, al menos hasta que estos sean totalmente destruidos y se desvanezcan para transformarse en otra cosa. Estas categorías, de acuerdo a los Tomistas, proveen inteligibilidad al mundo y permiten su conocimiento.

Conocimiento del ser. En el conocimiento del ser como tal, descansa el conocimiento de los principios supremos del pensamiento y naturalmente del ser mismo. El primero de estos principios es el principio de no contradicción, puesto que el ser no puede ser y no ser al mismo tiempo desde una misma perspectiva. Este principio fundamental da apoyo a otros principios como el principio de razón suficiente y principio de causalidad, y constituye el fundamento de toda demostración (los principios y toda demostración no pueden ser y no ser al mismo tiempo y circunstancias). Estos principios no son meramente lógicos, sino que por provenir del ser tienen carácter objetivo y trascendental; tienen fuerza objetiva, trans-subjetiva. Y, al igual que la idea de ser, los principios del pensamiento no caben dentro de categorías de género o especie algunas, puesto que son primarios del pensar y basados en la realidad última de todo lo creado; tienen un valor absoluto, trascendental y mayor que el valor empírico. Estos principios, como el ser de todo lo creado, están apoyados por la voluntad y verdad divina. (4:14)

Teoría del ser: Determinaciones del ser. En la teoría del ser la idea de sustancia tiene una centralidad muy significativa, sustancia es de lo que primariamente afirmamos existencia, o de lo que puede existir. A la naturaleza de la idea de sustancia le corresponde el 'no existir' en otra; en otras palabras, su existir no depende de otra sustancia, sino que de Dios, su creador. En cambio, la idea de accidente, se refiere a un estado de la sustancia, una modificación de la 'cosas', cuyo existir depende de la sustancia de la cual es accidente; los accidentes son lo que se predica de la sustancia: Juan está en la cocina, pero estuvo en el dormitorio hace un rato (accidentes de relaciones); es blanco, alto, delgado y sano (accidentes de cualidades). De este modo, Santo Tomás distingue una sustancia primaria, concreta, accidental como lo es un hombre particular, y una sustancia segunda que corresponde a la 'esencia' específica de lo mostrado o expresado por el objeto primario concreto, y que le pertenece existir por sí misma (pero es creada por Dios). Esta sustancia segunda es naturalmente un producto del pensamiento racional, pero como toda la proyección teórica del Aquino, no se trata de procesos subjetivos del pensar, sino reflejos de la realidad ontológica del mundo: la sustancia segunda existe. Esta sustancia segunda se manifiesta –se percibe—a través de los accidentes, que son cambiantes: la sustancia cambia 'accidentalmente', pero estos cambios no alteran su carácter específico de sustancia; sin embargo, cuando un árbol se quema, o cuando un ser vivo perece, se produce un cambio sustancial, explicado por Aquino como posible, gracias a la ya mencionada materia prima que puede adoptar distintas formas sustanciales, de modo que la ceniza del árbol y los restos cadavéricos son nuevas sustancias, en la que la materia prima constituye el elemento de continuidad.

Cuando la sustancia segunda se considera desde el punto de vista del centro de 'actividad', se le refiere como "nature', y cuando se le considera como definible, "essence". (3:87) Sustancia y accidente son determinaciones del ser. Esta sustancia primaria, completa en sí misma e independiente, en el caso de los hombres, constituye la persona, que es lo más perfecto en la naturaleza por estar dotada de razón.

La causalidad. La causalidad junto a la idea de sustancia, son cardinales en la teoría del ser. Aquino acepta las cuatro causas de Aristóteles, y como es característico de esta metafísica, la ley de la causalidad tiene un valor trans-subjetivo y trascendental fundado en los principios supremos ya mencionados. Esta validez supra-empírica la expresa Aquino con las siguientes fórmulas aristotélicas: "todo lo que es movido debe ser movido por otro" y "ninguna cosa que está en potencia puede pasar al acto, sino mediante otra cosa que esté ya en acto." (citado en ref. 4:15)

Algunos neotomistas comentan que el causar es una muestra de perfección: "El poder comportarse como causa implica de suyo el ser, pero es, además de ello, un poder-hacer-ser. De esta suerte, haciendo que lo creado se comporte como una causa efectiva y no sólo como un efecto o un producto, Dios lo hace más semejante a su omnímoda Perfección que si se limitara a darle un ser que no pudiese a su vez ser una causa." (7)

Teoría de las cuatro causas. Tomás de Aquino sigue la doctrina de las cuatro causas de Aristóteles. Las causas son atributos de la sustancia; la causalidad en Aquino no es mera relación, se trata de una virtud propia de la sustancia: el poder causar. Pero también causa para Santo Tomás es aquello a lo cual algo sigue necesariamente: un efecto (causa como relación). Lo que sigue a una causa es específico, y es una consecuencia 'real', ontológica (lo que la diferencia de la idea de principio: este es más bien un concepto, ocurre a nivel intelectual y no es específico). Para el Aquino, no hay causas en sí mismas, sino que se dan en la concretidad de las relaciones causales, son 'realidad'. La primera causa es la causa material, y es aquello de lo que emerge o llega a ser todo lo que caracteriza al objeto natural. La causa formal es la idea o paradigma de lo que se causa (efecto) y es como la esencia, en que es antes de haber sido. Aristóteles consideraba la causa material y la causa formal, como intrínsecas a la sustancia por ser activas durante la totalidad de su existencia, no así la causa eficiente –responsable del movimiento--, que la consideró extrínseca. La causa eficiente es el principio de cambio observado en las cosas del mundo. La causa final es el fin a lo cual algo tiende ser, el sentido del efecto, Esta última causa tiene cierta prevalencia sobre las demás, pues tiende al fin de la cosa, al bien de la cosa; por lo que la causa final se puede considerar el bien por excelencia. Aristóteles sostiene que no hay movimiento sin causa, pero no se trata de determinismo de tipo mecánico o puramente eficiente. La relación de causalidad no es para el filósofo, una simple relación, sino que más bien, es una expresión de la forma sustancial que es el corazón de lo que es un objeto natural, y de la que emerge la capacidad de movimiento - cambio—propio, y de provocarlo en otros; estos son modos como se manifiesta lo que es la sustancia.

Las cuatro causas para Aristóteles y para Tomás de Aquino ejercen su poder causal por sí mismas, pero son dependientes de las otras sin ser reducibles a ellas; esto es, son cuatro causas integradas, pero con causalidad particular. Estas cuatro causas elaboradas en esta forma amplia y global, permiten para Aristóteles, el conocimiento esencial del mundo físico; constituyen los principios explicativos de la realidad física y sus cambios. Intentar comprender la naturaleza con una sola causa lleva a la pérdida de la comprensión global de sus cambios. Eliminar una causa, distorsiona significativamente a las otras en el entendimiento de la globalidad. Esta situación se va hacer patente con el advenimiento moderno del mecanicismo, como veremos en la próxima sección de este trabajo. El neotomismo recuerda a menudo este análisis causal cuando examina el conocimiento científico y también la tesis del Diseño inteligente (TDI).

Aquino modifica la teoría de las causas de Aristóteles,

profundiza la causa eficiente del estagirita, pero particularmente amplía el sentido de la causa final que juega un papel muy importante en el sistema Tomista, incluyendo la filosofía de la naturaleza, la psicología, la ética y la teología. Es importante tener presente que la causa final no es observable empíricamente, como lo es la causa eficiente -- motor de acción; la causa eficiente se puede medir, no así la final, solo se puede decir que existe. Con el mecanicismo moderno, la causa formal y la causa final son eliminadas de la consideración científica.

Fundamento del sistema Tomista. Como es de esperar en un teólogo, el sistema Tomista, no solo tiene su fundamento primario en Dios, sino que también desemboca finalmente en Dios; el "naturalismo" que se nota en la obra de de Santo Tomás está basado en Dios y se dirige a Dios; se puede decir, que en cuanto todos los entes finitos actualizan su potencial se acercan a Él que es acto puro. Por tanto, el mundo está impregnado de la acción divina, y, por esto, Santo Tomás cree que la existencia de Dios se puede probar, y debe ser deducida de otros conocimientos; en otras palabras, la existencia de Dios se debe demostrar. Para estos efectos, Aquino propone el método a posteriori (no acepta métodos a priori) y usa una conclusión construida a partir de los efectos que encontramos y conocemos en nuestro mundo, para luego elevarse desde ellos, siguiendo el principio de causalidad, y llegar a la causa primera y suprema. Como ya señalado, para Santo Tomás este principio es verdadero y trascendental, real y objetivo, y puede reducirse al principio primario de no contradicción y al principio de identidad. (4:16)

ellos, que no se explican a sí mismos, son inconclusos. Para hacerlos verdaderamente inteligibles el filósofo/teólogo sostiene que es necesario recurrir a su dependencia en una causa trascendente. Estas cinco pruebas no constituyen entonces, hipótesis revisables de tipo empírico, sino que son una elaboración metafísica racional a partir de elementos empíricos en la que se hace evidente la necesidad ontológica de un ser trascendente. En esta elaboración racional se establece necesariamente, de acuerdo a Aquino, una relación única entre lo empírico y lo trascendente (no se trata de una mera confusión de niveles: empírico y lógico). Las cinco pruebas son complementarias, Aquino consideraba la primera prueba como la más clara; algunos comentaristas piensan que la tercera es la más importante por referirse a la 'existencia', un tema fundamental en la metafísica de Santo Tomás. Para el Aquinate este esfuerzo metafísico de los cinco caminos para lograr la demostración de Dios, no es sencillo de llevar a cabo, y no reemplaza la verdad revelada.

Estas pruebas para Santo Tomás nos llevan no solo a la demostración de la existencia de Dios, sino también nos indican atributos de este ser divino. Como ya se ha mencionado, para Aquino, la mente del hombre no puede penetrar la esencia de Dios (parte de lo empírico), solo puede señalar lo que no es, hace teología negativa; el hombre piensa desde la perspectiva del hombre que parte de lo empírico. El teólogo es muy cuidadoso en elegir el modo como va a describir las propiedades del Ser Supremo, lo hace con vocablos que implican negación, como cuando dice que es un' motor inmóvil' para indicar que no se mueve o cambia, por tanto es acto puro sin ningún género de potencialidad, sin ninguna sombra de no-ser, nada de mera posibilidad. Sin embargo, Santo Tomás también usa términos positivos en las propiedades de Dios, pero se aproxima a estas realidades, siguiendo modos lingüísticos y expresiones en negación (implicando: "no-es..."). El conocimiento que se logra en esta forma negativa de predicar a Dios, nos puede entregar un saber 'positivo' (bueno, sabio), pero este es un saber 'ideal', no como nuestro saber corriente, natural, antropomórfico; la predicación acerca de Dios se hace en forma 'analógica'.

La predicación analógica de las propiedades de Dios es posible porque somos creaturas creadas por Dios, dependemos de Él, y de Él derivamos nuestras 'perfecciones' (obviamente limitadas). Nuestro conocimiento de las perfecciones procede de nuestra experiencia, y en forma analógica las utilizamos para describir –en forma suprema- las cualidades de Dios. Las consideramos propiedades actuales de Dios, pero el 'modo de significación' de esta predicación, pertenece a las creaturas. Pero como no tenemos la capacidad de conocer realmente lo que Dios es, estas propiedades analógicas deben cumplir con los requisitos ya mencionados de la Teología Negativa. (3:134-136)

Entre las características de Dios se encuentran que es un ser eterno y necesario, perfecto y existente de por sí; la más pura realidad, el origen y soporte de todo lo existente. Las cosas del mundo, incluyéndonos a nosotros mismos, son, para Santo Tomás, un trasunto del pensamiento divino y, de este modo, reflejan a nuestro entendimiento, la verdad de su Creador. (4:17-18) La reflexión metafísica nos muestra la existencia de Dios y las propiedades predicadas de Dios que son actuales en Él, aunque no sepamos ni comprendamos exactamente como son. Nuestro conocimiento de Dios es imperfecto e inadecuado, sin embargo lo tenemos (escepticismo parcial de Santo Tomás).

Creación del mundo, causa primera y causas segundas. Dios es el Creador de todo lo existente, una Creación desde la no-existencia, un acto libre de Dios, que según Santo Tomás fue para: "... solamente comunicar Su perfección, que es su Bien." (8:1ª, 44, 4. Citado en 3) Esta creación divina no es solamente formación de la materia, sino que, como lo describe Grabmann: "En la creación no es Dios solamente primera causa (causa prima) en el sentido de primera causa eficiente que pone el ser y la sustancia: es también causa ejemplar de todos los seres. Cuando Dios pone sustancia y ser, sustancializa sus divinas ideas." [Negrillas agregadas] (4:18) Santo Tomás considera que racionalmente es posible llegar a comprender y 'ver' que todo lo creado depende de Dios, de su poder creador, pero el comienzo mismo de la creación no es posible cogerlo, saberlo racionalmente, esto es materia de fe; que el mundo no siempre existió, es materia de fe, no está al alcance de la razón humana. Para Santo Tomás la idea de creación es independiente de la idea de comienzo temporal; Dios crea desde la eternidad, el primer comienzo de tiempo aparece con la Creación. (3:143) El hecho que racionalmente podamos captar que todo lo creado depende de la creación divina, no significa que la creación se puede demostrar racionalmente. El proceso de la creación divina se hunde en el misterio. Tampoco es posible saber racionalmente el tiempo del comienzo de la Creación, (3:145)

Desde la filosofía presocrática, y muy claramente elaborado por Aristóteles, el ambiente natural del mundo se consideró como poseyendo un ordenamiento y causalidad autónoma. Para Aristóteles los objetos naturales -entes naturales- tienen un principio interno de movimiento (phýsis), desde los que se generan, se desarrollan y se corrompen. Esto es, los objetos naturales operan según su propia naturaleza, que puede ser captada por la mente del hombre para descubrir los principios constituyentes de los entes en movimiento. (9:19-20). Santo Tomás toma estas enseñanzas del filósofo griego para su filosofía de la naturaleza, y habla de ley natural para describir el comportamiento ordenado de todos los seres finitos en movimiento que operan de acuerdo a sus propiedades inherentes (según su virtud), que descansan en último término en Dios; la ley natural es inmutable y universal. El principio natural interno de Aristóteles, responsable de todo movimiento en el mundo natural, encuentra en Santo Tomás una versión de inspiración religiosa, todo movimiento es generado por propiedades inherentes de cada objeto natural que es otorgado -creado—por Dios, para constituir las causas segundas en la metafísica Tomista.

En la concepción Tomista de la naturaleza, la postulación de causas segundas no entra en conflicto con la causa primera, son perfectamente compatibles. Ambas son producto de la voluntad y acción de Dios, son dos modos distintos de realizarse la acción divina; en cierto modo, la naturaleza obra como instrumento de la acción causal de Dios. Las causas segundas "participan" en la causa primera para producir un efecto que por sí mismas no pueden producir (9:26;32) Con esta tesis se preserva la omnipotencia divina, y se le otorga una cierta autonomía a la naturaleza, aunque se puede decir que ésta es más aparente que real, puesto que el agente causal de ambas causas es definitivamente Dios. No debe olvidarse que Dios está constantemente sosteniendo [creando] el ser del mundo con todas sus propiedades; si cesara esta acción divina, todo se precipitaría en la nada, en la no-existencia. Santo Tomás resume la causalidad divina: "[Dios] obra en todo lo que obra". (10: III 67. Citado en 9). No obstante, gracias a las causas segundas, el hombre tiene la posibilidad de hacer ciencia, puesto que del carácter (su naturaleza) de los efectos, se conocen sus causas (su naturaleza). (10:III 69,[18]) Si no se aceptara la presencia activa de las causas segundas, no solo no sería posible la ciencia de la naturaleza, sino que además significaría rebajar la perfección a las cosas creadas, y por ende, también menoscabar la Perfección y la Bondad de su creador. (10:III 69, [15])

El estudio de la naturaleza como conjunto estructurado de los objetos naturales constituye la 'ciencia natural' o 'física', cuyas proposiciones se refieren a las cosas capaces de movimiento. (3:74) Como ya hemos visto, cuando se abstrae conocimiento del estudio de los seres naturales para estudiarlos en cuanto entes y ser en general, se pasa a otra categoría de saber: la metafísica. Santo Tomás también consulta la ley moral, en cuanto la ley natural es la responsable de la razón en la naturaleza humana que dirige al hombre a hacer el bien y evitar el mal. En Santo Tomás encontramos también la ley positiva generada por los seres humanos (Estado), y la ley eterna que es el fundamento divino de todo orden en el universo.

BIBLIOGRAFÍA:

1. Turner, William. (2009). Escolasticismo. Enciclopedia Católica. De: The Catholic Encyclopedia. Vol. 13. New York: Robert Appleton Company, 1912. Tr. Gonzáles Gómez, JI. http://ec.acipresa.com/wiki/escolasticismo
2. Pope León XIII (Agosto 4, 1879). Aeternis Patris. Vaticano http://www.vatican.va/holy_father/leo_xiii/encyclicals/documents/hf_l-xiii_enc_04081879_aeterni-patris_en.html
3. Copleston, F.C. (1955). Aquinas. Penguin Books.
4. Grabmann, Martin (1928). Santo Tomás de Aquino. Historia de la Filosofía Medieval. Traducido: Salvador Mingijón. http://www.mercaba.org/Filosofia/Medieval/historia_3_capitulo3.htm
5. Aquino Tomás. Metaphys. Commentarium, lect. 8 n. 876). En: Disertaciones de Filosofía Tomista. Prof. Oscar Velázquez. http://www.diadokhe.cl/media/tomistica/Disertaciones5.pdf
6. Ruiz Rey, Fernando (2014). Diseño inteligente y Teología neoTomista. http://www.oiacdi.org/articulos/DI_y_Teologia_natural.pdf
7. Juan Carlos (14 abril, 2014 a las 10:45 AM). Comentario: Los Argumentos de Diseño en la Antigüedad. La introducción de una Inteligencia como causa. Por Felipe Aizpún. OIACDI http://www.darwinodi.com/los-argumentos-de-diseno-en-la-antiguedad-la-introduccion-de-una-inteligencia-como-causa/#comment-3782
8. Aquino, Santo Tomás. Summa theologica.
9. Martini, Mauro Francisco. El problema de la causalidad segunda en Tomás de Aquino y su "apuesta epistemológica" por la ciencia natural. Revista digital Synesis No. 1 Primavera 2010 http://www.ceefic.com.ar/pdfs/synesis03martini.pdf
10. Aquino, Santo Tomás. Summa contra gentiles.

Capítulo II

MECANICISMO Y VITALISMO

La revolución científica del Siglo XVII.

La escolástica de carácter aristotélico tomista, el escotismo y el nominalismo fueron sin duda importantes movimientos intelectuales en la Edad Media, pero en la cultura general de los últimos siglos de ese período, emergen otras preocupaciones y corrientes de pensamiento, las tendencias místicas y neo platónicas se hacen sentir con un recrudecimiento del pensar en fuerzas que impregnan todo lo existente, la alquimia y la astrología toman ímpetu. Las explicaciones tradicionales se debilitan, el realismo y esencialismo de la escolástica sufre las críticas corrosivas del nominalismo. En el Renacimiento y el humanismo se nota la centralidad y la originalidad con que se piensa al hombre y a la naturaleza. El espíritu del tiempo se prepara para nuevas formas de pensar que llevan finalmente a la erupción de la llamada ***revolución científica del Siglo XVII.***

Son numerosos los estudiosos y científicos que participan de esta nueva visión científica del mundo, entre los que no se puede dejar de mencionar Nicolaus Copernicus (1473-1543), Francis Bacon (1561-1626), Galileo Galilei (1564-1642), Johannes Kepler (1571-1630), Thomas Hobbes (1588-1679), pero es fundamentalmente el filósofo **René Descartes** (1596-1650) el que formula una concepción elaborada y diferente de la naturaleza a la heredada del aristotelismo y del Tomismo. La filosofía de la naturaleza mecanicista y la ciencia mecanicista que entonces emergen, evolucionan conjuntamente en el siglo XVII. Descartes en su afán por encontrar ideas claras y distintas para obtener certeza, va a modificar la filosofía de la naturaleza y dar un impulso a la ciencia física de su tiempo, identificando primero la física con la geometría, y luego con la mecánica.

Descartes sostiene que para explicar los fenómenos naturales hay que basarse en "hechos" irrefutables y/o en observaciones extraídas mediante la reflexión racional de los aspectos fundamentales de la realidad; esto es, lograr ideas claras y distintas, principios básicos de carácter metafísico que fundamenten las conclusiones (1). Se trata de un procedimiento empírico, racionalista y también deductivo, que poco tiene que ver con el utilizado por la ciencia contemporánea, empírico-teórica sin pretensiones metafísicas. Esta metodología cartesiana, no varía mucho de la aristotélico-Tomista, pero el filósofo llega a conclusiones muy diferentes. Descartes, y los intelectuales de la revolución científica, ***dejan de lado la causa formal y la causa final en el entendimiento del comportamiento de los objetos naturales***, por considerarlos como explicaciones más bien retóricas, insuficientes para explorar, cuantificar y manejar el mundo material observable; la teleología o causa final explica la organización de las estructuras, desde su propósito o meta, así, la visión es la causa de las estructuras oculares, la causa eficiente sigue a la 'causa final'. Se **retienen la *causa material* y la *causa eficiente;*** sin embargo, con el desarrollo de la ciencia moderna, la causa material se pospone por considerarse un concepto metafísico, más que científico. Al desmenuzar las cuatro causas aristotélico-tomista, y eliminar claramente dos de ellas, se desbarata la teoría ontológica que funciona como una unidad de interacciones causales, dejando un remanente superficial de causa eficiente, que en ausencia de la causa final y formal queda reducida a una causa ciega, sin meta ni propósito. Como consecuencia se descarta en ciencia la noción filosófica de "forma sustancial" que soporta las cuatro causas. Se podría decir que el conocimiento científico se centra en los 'accidentes' de la sustancia, particularmente el movimiento y la extensión.

Naturaleza de los cuerpos

Para Descartes (2:149. Citado en ref. 3): "La naturaleza del cuerpo no consiste en el peso, la dureza, el calor o cualidades semejantes sino en la sola extensión. Al proceder así, percibiremos que la naturaleza de la materia, o del cuerpo considerado en general, no consiste en ser una cosa dura, pesada, coloreada o que afecte de algún modo los sentidos, sino tan sólo en ser una cosa extendida en largo, ancho y profundidad." [***res extensa***] De esta manera los cuerpos se hacen susceptibles de medición, y la extensión permanece siempre la misma, no importando el tamaño, forma, ni aspecto de los cuerpos naturales, solo varía su magnitud. Con esta conceptualización Descartes elimina todo tipo de cualidades, que en la concepción de la naturaleza de esa época, se atribuían a la causa formal, conformando todo objeto natural, prestándoles naturaleza y propiedades intrínsecas. Para Descartes es a través de la matemática como se descubren las propiedades reales de los cuerpos; es interesante notar cómo una concepción de forma --la aristotélica/Tomista--, es reemplazada por otra, la matemática, sin duda muy precisa, pero, externa, estrecha, ontológicamente superficial, y lo más significativo, sin ninguna meta que de sentido y orden para la emergencia de estructuras complejas como las biológicas.

Visión cartesiana de la naturaleza

Descartes remplaza la ***visión aristotélica de la naturaleza*** como ordenada, cualitativa, jerárquica e inminentemente intuitiva que dividía la totalidad natural en una zona superior: ordenada y perfecta, la de los cielos; y otra zona inferior -terrenal-, sometida a transformación y descomposición. Para Descartes, ***la materia en el universo es una sustancia única, homogénea y extensa***; sin propiedades intrínsecas, ni vacío alguno, y sin influencias espirituales; la materia y lo espiritual constituyen dos sustancias distintas (***dualismo cartesiano***). Descartes identifica el lugar que ocupan los cuerpos materiales con el espacio, rechaza la existencia de un espacio independiente de la materia, e igualmente rechaza la independencia del tiempo de los sucesos físicos. El lugar también lo identifica con la extensión que es para Descartes la propiedad esencial de la materia. La materia es única en todo el universo, y se puede dividir, generando así –en combinación con el movimiento--, distintas apariencias, como: cuerpos duros y macizos, blandos y flexibles, y también cuerpos sutiles imperceptibles que llenan lo que parece vacío; el filósofo **no acepta la existencia del vacío**. Descartes no es 'atomista', puesto que postula la divisibilidad sin límites de la materia sin alcanzar una unidad indivisible: átomo; ***la materia se divide en corpúsculos*** que se ensamblan de acuerdo a sus distintas formas y tamaños, por esta razón, esta visión cartesiana se conoce como ***"mecanicista"*** o ***"corpuscular".***

El movimiento en Descartes

El problema que generaría el movimiento en un cuerpo sólido homogéneo sin vacío, es resuelto por Descartes con **la concepción del movimiento como circular**, en el que participan los cuerpos adyacentes, se trata de un movimiento conjunto que no genera vacío alguno; y, además, si los cuerpos duros dieran la apariencia de dejar vacío al moverse, este no es tal, pues allí se encuentra lo material en forma sutil. Esta materia sutil es la que posibilita la trasmisión de la luz, que para Descartes es el resultado del pulso o presión de esta materia. (3)

Para Descartes la materia además de ser homogénea y divisible, se caracteriza por estar sujeta al movimiento. El movimiento de las partes materiales, de acuerdo a las leyes generales que lo rigen, es capaz de ordenarlas por más caótico que se pueda imaginar su estado. L. R. Herrera (3) puntualiza el significado de estas leyes: "... la necesidad física de tales leyes se impone sobre el indeterminismo o la irracionalidad, imposibilitando, de esta manera, lugar alguno para fuerzas o acciones distintas a la necesidad natural." Descartes reconoce a Dios como creador de estas leyes, que el filósofo llama naturales, y también su mantención, pero firmemente sostiene que funcionan independientemente de la acción directa de Dios. Según Leticia Rocha (3), Dios se convierte para Descartes, en la condición de posibilidad que aporta sentido y validez al mundo, pero el movimiento observado en él, es solo resultado de estas leyes. Sin embargo, es importante tener presente que Descartes no explica el origen del movimiento, lo deja a Dios: **"Dios es la primera causa del movimiento, y conserva siempre la misma cantidad de movimiento en el mundo"** (4; II). Tampoco explica como esas leyes naturales puedan ser responsables de la inmensa y sutil complejidad del mundo. La naturaleza: materia y leyes naturales, está separada de la acción divina inmediata, es independiente, autónoma; la naturaleza se basta a sí misma: ***naturalismo ontológico*** (aunque todavía se conserva a Dios como creador del mundo, del movimiento y de sus leyes).

Leyes naturales y movimiento

Descartes desprende las leyes naturales del *primer principio: la inmutabilidad divina*, esta deducción es *a priori* (no por inducción). Las leyes de la naturaleza son tres, y constituyen para Descartes ***"las causas segundas para todos los movimientos"***; de este modo, el núcleo de la física queda constituido por las leyes del movimiento, esto es, las leyes naturales. La *primera y fundamental ley* propuesta por Descartes es la ***'ley de la inercia'***: "cada cosa permanece en el estado en que se encuentra, si nada la cambia." (4; II) Nada cambia en los estados de la materia (forma, tamaño, movimiento, etc.), si no es causado por una resistencia o choque de otro trozo de materia en movimiento; una vez iniciado el movimiento (traslado de un cuerpo), no cesa ni tiene meta. La *segunda ley* de la naturaleza para Descartes es la ***'ley del movimiento rectilíneo'***: "Todo cuerpo que se mueve tiende a continuar su movimiento en línea recta" (4; II); el movimiento continúa hasta que encuentra una resistencia que lo cambia. Estas dos leyes están relacionadas. Como consecuencia de estas leyes naturales los cuerpos no se mueven espontáneamente a su 'contrario', del reposo al movimiento, o viceversa (concepción tradicional). Nada ocurre de por sí, todo obedece a causas naturales, con lo que se establece claramente el ***determinismo en la dinámica de la naturaleza***. Gracias a este determinismo causal, se puede determinar objetivamente el curso y dirección de los acontecimientos naturales.

Leticia Rocha en su tesis acerca de Descartes y la filosofía mecanicista, señala que esta concepción cartesiana de la naturaleza, rompe la idea tradicional de movimiento, heredera de los conceptos metafísicos de Aristóteles. Según esta autora: "La física tradicional concibió el movimiento como una tendencia o actualización de las propiedades inherentes de los cuerpos." (3) En esta concepción clásica, el movimiento ocurre como un proceso con dirección y meta, gracias a la fuerza motriz propia de las condiciones inherentes de los cuerpos; este proceso motriz teleológico se estructura en vista a la presencia de un punto de referencia fijo: la Tierra.

Con Descartes desaparece la idea de un punto de referencia que otorga sentido y meta al conjunto de cuerpos que interactúan, y se mueven unos con respecto a otros en el mundo. La concepción estratificada y fija del universo de influencia aristotélica, es reemplazada por Descartes, por una ***unidad física en movimiento siguiendo exclusivamente las leyes naturales*** (ausencia de la causa final). Como ya hemos mencionado, las propiedades sensibles y las propiedades inherentes de los cuerpos son eliminadas en la visión cartesiana de la naturaleza (ausencia de causa formal). Las propiedades sensibles de los cuerpos naturales, posibles por la *causa formal* propia de la constitución ontológica de estos cuerpos, pasan a ser en la visión cartesiana, meros fenómenos subjetivos producidos por el impacto de los objetos materiales en el ser humano (alma), no son propios de la materia.

Al eliminarse el conocimiento físico de los cuerpos, particularmente sus propiedades inherentes, el movimiento queda reducido a ser producto de 'choques' de partículas o segmentos materiales, y al matematizarse, se transforma en una simple abstracción matemática. De modo similar, el cambio de lugar de un objeto –traslado--, al eliminarse el punto de referencia fijo que le da sentido y orden al movimiento natural del mundo, deja a todo movimiento dependiente solamente de las referencias arbitrarias que se consideren; por ejemplo, un navegante, puede considerar su movimiento con respecto al agua o al barco o al firmamento, etc. (3) Por consecuencia, con los movimientos naturales sin teleología, sin causa final, sin propósito, *desaparece la concepción de **diseño en la naturaleza,*** que había sido tan significativa para la Edad Media. Y la visión de la dinámica natural se reduce a materia en movimiento, dependiente solo de 'choques', sin meta ni sentido, lo que se denomina concepción ***mecanicista*** del mundo, que queda reducido a una ser una ***máquina en movimiento***.

La *tercera ley* propuesta por Descartes es la ***'ley de la transmisión del movimiento'.*** Esta ley es básicamente un principio de *conservación del movimiento* en el mundo. La cantidad de movimiento no se pierde, ni aumenta en las interacciones de la totalidad de los cuerpos; permanece siempre igual. No así, los cuerpos considerados individualmente o en grupos, que pueden ganar o perder movimiento según choquen con cuerpos mayores o menores.

Descartes pensaba que con sus principios y leyes básicas se podía explicar la configuración del mundo observado, y como consecuencia de estas leyes el filósofo propuso *la **circularidad del movimiento***, que no elimina la segunda ley del movimiento rectilíneo, pero que en la totalidad de lo existente, el conjunto tiende a moverse en círculos. La combinación de la tendencia al movimiento rectilíneo de los cuerpos individuales con la circularidad del conjunto debido a las resistencias de la materia, forma en el universo, ***vórtices o torbellinos***. Esta teoría de los vórtices que intentaba explicar el movimiento estelar, era claramente incapaz de dar cuenta de las leyes de Kepler de la dinámica celeste, y de hacer predicciones observables (se puede decir que fue producto de un racionalismo especulativo).

Mecanicismo 'clásico'

La *visón de Descartes de la naturaleza* se caracteriza por ser (ontológicamente) ***'materialista'*** (materia e impulso inicial divino: movimiento) sin ninguna participación espiritual actual y desprovista de propiedades inherentes; y ***'determinista'*** en sus interacciones: colisiones, contacto directo (todo efecto tiene una causa física). Las variaciones que se observan en los objetos naturales son consecuencia del arreglo y movimiento de sus partes corpusculares; sus propiedades cualitativas, son meros aditivos subjetivos. Nosológicamente esta tesis es una ***aproximación reduccionista*** al estudio de la naturaleza, en cuanto basta conocer las partes físicas y sus interacciones mecánicas para conocer los fenómenos reales. Estas características constituyen el núcleo de lo que se conoce como ***"mecanicismo clásico"*** (filosofía mecánica) del siglo XVII. En esta visión cartesiana, se ha dicho, la *realidad se asemeja a una "máquina"*, por lo que por mucho tiempo se utilizó el *reloj* como el paradigma de máquina en el entendimiento de la naturaleza; pero estos paradigmas: maquina y reloj, son inapropiados y generan confusión, ya que son artefactos creados por el ser humano, son productos de una inteligencia que los diseña con fines específicos, lo que no es precisamente la visión cartesiana de la dinámica de la naturaleza.

La concepción mecanicista de la naturaleza es compartida por muchos autores de la época, y su influencia se prolonga por siglos, aunque naturalmente con variaciones y modificaciones en numerosas áreas, como el plenismo-vacuismo espacial, el atomismo-divisibilidad de la materia, y las propiedades inherentes de los objetos naturales. Descartes, por ejemplo, criticó la física de **Galileo Galilei** (1564-1642) por falta de base firme metafísica, en una carta a Mersenne de 1638 (citado #5), escribe: "...sin haber considerado las primeras causas de la naturaleza, ha solo buscado explicaciones a unos pocos efectos particulares, y ha construido así, sin fundamentos." El alcance de esta crítica de Descartes a Galileo, se entiende bien si se considera que su afán primordial era encontrar la *verdad metafísica de la ciencia;* Galileo por el contrario estudió experimentalmente los fenómenos físicos, descomponiendo el movimiento, y sometió los resultados a análisis cuantitativo matemático. Además, este científico utilizó el telescopio para ***observar*** la bóveda celeste y mostrar la unidad de los reinos sublunar y superlunar; la observación y la experimentación son aspectos metodológicos importantes para Galileo. La metafísica no constituye un pilar sostenedor de la física de Galileo, la descripción matemática del movimiento es su explicación científica, en otras palabras, *la 'causa eficiente' queda reducida a la descripción matemática*; la teoría de la ***causalidad metafísica se esfuma del conocimiento científico***. Descartes era racionalista, por lo que consecuentemente pensaba que la capacidad de la razón humana podía llevar con certeza al conocimiento los principios metafísicos verdaderos de la naturaleza, incluyendo naturalmente a la ciencia; no obstante, su tesis no es completamente metafísica, ya que incluye aspectos empíricos. Con el desarrollo ulterior de la ciencia, la posición de Galileo prevalece.

Antecedentes históricos del 'mecanicismo'

La concepción mecanicista del mundo no aparece *de novo* con la llamada 'revolución científica' del Siglo XVII, ya se encuentra en el mundo griego con los filósofos atomistas, principalmente Demócrito y Epicuro (Siglo V, y IV-III AC). Para estos filósofos la realidad está compuesta de unidades -átomos-, que se mueven en el vacío, ambos eternos, no creados; los átomos son concebidos indivisibles, homogéneos, y solo varían cuantitativamente (tamaño, forma); su acción es por contacto, y la formación de los cuerpos es por mero ensamblaje gracias a las distintas formas y tamaños. Con esta concepción se tiene un sistema mecanicista y determinista, sin azar, ni ninguna intervención externa. Epicuro más tarde consultó el indeterminismo para el alma humana para explicar su libertad, conservando el determinismo en la naturaleza (en este sentido es similar a la tesis de Descartes). (5:88-9. 6) Incluso se cita al naturalista fenicio Mochus, que postulaba una teoría atómica para explicar los fenómenos de la naturaleza, siglos antes que los filósofos griegos. (7)

Las similitudes de la concepción de los atomistas griegos y la visión presentada por Descartes son notables, sin embargo hay una diferencia muy significativa. La tesis griega está formulada en términos metafísicos, en cuanto no permite predicciones empíricas, ni se puede contrastar con la experiencia. En cambio la tesis de Descartes, aunque fundamentada en principios metafísicos, su ontología se puede separar de otros elementos de la visión cartesiana que están sometidos a la experiencia por ser tan variados y no poder ser explicados directamente por los principios metafísicos, y además, según Aísa (5:90), esta ontología, tomó un carácter heurístico que se incorporó con los demás componentes de la tesis en un *programa* de investigación mecanicista en el siglo XVII. La tesis cartesiana permitía entonces, contestaciones empíricas a nivel bajo, y hacer algunas predicciones menores de fenómenos naturales.

El 'mecanicismo' después de Descartes

El modelo propuesto por Descartes no fue seguido con fidelidad por los científicos de su época, ni tampoco por los que le sucedieron posteriormente. Se pueden constatar diferencias metodológicas y distinto valor otorgado al núcleo metafísico del sistema cartesiano, pero todos continúan con la concepción mecanicista básica que caracteriza la visión de Descartes. **Robert Boyle** (1627-1691) da importancia al experimento replicable y a los hechos, usa un método más bien inductivo, pero no carente de hipótesis en el logro de sus tesis; se aleja de la búsqueda de la verdad metafísica y enfatiza el movimiento frente a la materia. Sus teorías tienen para él un valor más conjetural que metafísico. **Christiaan Huygens** (1629-1695), según Aísa, este físico pone la razón al servicio de la experiencia, y: "Ofrece el primer ejemplo de ciencia liberado de los prejuicios escolásticos." (5:120) Se le considera el eslabón entre Descartes y Newton. Huygens sigue siendo mecanicista al estilo de Descartes, pero formula adecuadamente las leyes de choque que su predecesor había equivocado, y además, acepta el vacío.

Es oportuno señalar que la filosofía mecanicista (mecanizar el mundo) y la ciencia mecánica de carácter más empírico y matemático, se desarrollan conjuntamente, y no resulta sencillo diferenciarlas: lo que sí es claro, es que la ciencia se va desarrollando con creciente empirismo y creciente matematización en sus métodos y expresiones, como se constata en Newton.

Isaac Newton (1642-1727). Con Newton la ciencia física experimentó un fuerte desarrollo y cambio con su propuesta de las ***leyes del movimiento y de la gravitación***. Newton contribuye a la ciencia con mayor contenido empírico y precisión, corrigiendo muchas de las insuficiencias de la visión física cartesiana; Descartes, como hemos visto, tenía un interés marcado por las respuestas metafísicas. Muy importantemente, Newton incorpora la *noción de fuerza,* con la fuerza de gravedad observada en la interacción de los cuerpos, así se asegura que estos cuerpos materiales permanezcan como tales en las colisiones y no se dispersen en fragmentos por falta de cohesión. Además, la fuerza de gravedad permite una explicación teórica que se puede expresar matemáticamente, y resulta muy adecuada para comprender la dinámica de los cuerpos celeste; de este modo, Newton convierte en una *dinámica* la *cinemática* (estudio del movimiento sin considerar sus causas) de Galileo. La dinámica newtoniana unifica la mecánica celeste con la balística terrestre, lo que hace posible la demostración del heliocentrismo, con lo que derrumba definitivamente la concepción del cosmos aristotélico. La física de Newton amalgama el empirismo y el racionalismo en una concepción de tipo "corpuscular" (cuerpos partículas, átomos) movidos por fuerzas naturales. La ciencia física, con la teoría dinámica de Newton --precisa y determinista--, va asentarse definitivamente, no solo por su capacidad explicativa y conmensurable, sino también por hacer posible la formulación de predicciones, inicialmente de la dinámica planetaria, y posteriormente, decenios más tarde, guiar el descubrimiento del planeta Neptuno a mediados del siglo XIX. Con Newton se pasa definitivamente de una ciencia para no solo comprender, a una ciencia también para predecir (1. 5)

Newton al postular la ***acción a distancia*** de la fuerza de gravedad de los cuerpos, tuvo que soportar la fuerte crítica de los cartesianos que adscribían al *mecanicismo* sin propiedades inherentes en los cuerpos naturales, estos se movían solo por contactos externos. Newton le asestó un golpe mortal a este aspecto del '*mecanismo bruto*'. Aunque claro está, el movimiento en la teoría cartesiana estaba en todos los cuerpos, y no en el vacío, ni en el espacio absoluto que no existían para Descartes, por lo que se podría considerar al movimiento como una propiedad de los objetos naturales. En todo caso, ante las críticas del cartesianismo, Newton propuso la existencia del ***éter*** entre los cuerpos materiales, un fluido sutil que recuerda a la materia también sutil, propuesta por Descartes para llenar todo lo que parece vacío.

La propuesta de Newton de la presencia del éter en el espacio vacío, no es precisamente derivada de la observación ni de la experimentación, sino que por decirlo así, es una deducción racionalista metafísica al estilo cartesiano. Pero al final, Newton abandona esta postura acomodaticia, como explica Diego Aísa: "... cuando rechaza la teoría cartesiana de la luz como pulso o presión de partículas luminosas, y el plenísimo [del espacio] cartesiano, y reclama el vacío, [y] se remonta a la última causa como el objeto final del conocimiento humano, a la que nunca podremos alcanzar, pero sí aproximarnos." (5:88) Aísa injerta una aclaración de Newton pertinente a este ensayo (*Óptica*, cuestión 28; primera edición latina de 1706): "Sin embargo, el objetivo de la filosofía natural, es argumentar a partir de fenómenos, sin imaginar hipótesis, y deducir las causas a partir de los efectos hasta alcanzar la primerísima causa que ciertamente no es mecánica." Es interesante esta declaración de Newton que lo acerca a las dos primeras pruebas de la existencia de Dios de Tomás de Aquino.

Con la incorporación de la gravitación vuelven a aparecer y a considerarse las propiedades inherentes de los objetos naturales, dentro del cuerpo de la ciencia moderna, naturalmente especificadas y por tanto reducidas de su amplitud metafísica original, se recupera el poder causal eficiente en los cuerpos; en lo que se refiere a la causa final, y sentido de la naturaleza, Newton no las hace parte de lo que denominamos ciencia física. Newton, como un hombre de fuertes intereses y sentimientos religiosos, consideró sus teorías al servicio de las metas y fines de Dios, en una mezcla que se puede denominar teleo-mecánica (otro acercamiento a Aquino: quinta prueba); y además, se asistió de la divinidad para sujetar algunas de sus teorías. Este recurso a la divinidad para suplir una ignorancia, fue superada en el continuo desarrollo de la ciencia físico-matemática, particularmente con los trabajos de ***Pierre Simon Laplace***, *Mecánica celeste,* publicados a fines del Siglo XVIII. Existe la anécdota que cuando Napoleón le comentó a Laplace, que había escrito un largo libro acerca del origen y mecánica del universo sin mencionar a Dios, el físico respondió: "No tuve necesidad de esa hipótesis." (8)

En la física newtoniana se admite, entonces, una propiedad inherente de la materia: la gravitación. La idea de propiedades inherentes de la materia persiste en la física contemporánea con la postulación de las cuatro fuerzas fundamentales de la naturaleza. Con Laplace se margina la acción directa de Dios en la visión científica de la naturaleza, se introduce un ***naturalismo materialista*** que persiste hasta nuestros días en la forma de ***naturalismo metodológico***. Este giro no va a significar que los científicos no tengan sus propias creencias religiosas o, que no puedan ver la ciencia en el marco de sus convicciones religiosas en las que sus conocimientos alcanzan máxima comprensión, pero la ciencia en sí, se espera, y ahora se exige, recurra en sus explicaciones exclusivamente a la naturaleza, concebida primariamente regida por las leyes de la física.

Fin de la metafísica explícita en ciencia

El desarrollo de la física moderna impulsada por Newton está íntimamente ligado al uso creciente de las matemáticas, a las que Descares le otorgó gran importancia, pero no desarrolló adecuadamente por su orientación metodológica metafísica que buscaba los primeros principios para apoyar su visión 'profunda' de la naturaleza. Las matemáticas operan buscando medidas y proporciones, en cambio los filósofos de la naturaleza intentan un 'verdadero' entendimiento de los primeros principios de la realidad. Con Newton se cumple la matematización de la ciencia, y también la mecanización de la física. (Sin la acción directa de "choques). Es importante señalar que Newton no separó la ciencia física propiamente tal, de la filosofía de la naturaleza; Newton habló de diseño en el mundo y de causas segundas que llevan a la causa primaria: Dios, e incluso pensó que Dios intervenía de cuando en cuando para mantener las orbitas planetarias como correspondía. Con Laplace se elimina el recurso a lo sobrenatural en física, y se puede decir que la ciencia física va a desarrollarse en un curso independiente, separado de la filosofía de la naturaleza, aunque muchos científicos pudieran tenerla presente en su comprensión del mundo. La mecánica pasa a ser el modelo de ciencia, y su base.

La ***idea del azar*** como un componente en la organización de la materia comienza a emerger para complementar el mecanicismo desposeído de principios organizadores. Newton lo evita y recurre a las creencias tradicionales de la religión, pero el azar permanece latente en el seno del mecanicismo. No es entonces de extrañar que Darwin lo tome más tarde, como un componente fundamental de su teoría evolutiva. El azar junto a las leyes de la naturaleza en las condiciones iniciales de la evolución universal van a pasar a explicar la formación de sistemas complejos, como el sistema solar y la aparición y desarrollo de los seres vivos. Con esta concepción, se revierte la noción tradicional de la proporcionalidad de la causa, que debe ser mayor que el efecto; con la modernidad, la complejidad y el orden van a emerger de lo simple y del desorden por mero azar.

De esta manera, la física moderna se desarrolla en contraste con la visión escolástica de la naturaleza, que estaba latente en Descartes. Pero curiosamente, la física va a contar definitivamente con propiedades inherentes de la materia con la idea general de fuerza (cuatro fuerzas elementales), que recuerda las propiedades causales de la materia (objetos naturales) de los escolásticos. Más aún, con la física contemporánea, en el recóndito del seno de la materia, ésta casi desaparece, para dar paso a la preponderancia de formas y estados de energía y corpúsculos, entendidos con formulaciones matemáticas, que parodian las 'formas' del aristotelismo-tomista de la Edad Media. Pero como se ha dicho más arriba, la separación de ciencia y filosofía de la naturaleza se hizo más patente, pero desgraciadamente en forma muy reduccionista. La ciencia se irguió como un saber poderoso basado en la observación y experimentación de los fenómenos naturales, contando con la presencia explicativa de las leyes naturales. La ciencia apareció como capaz de explicarlo todo, para muchos, incluso la aparición del hombre y la racionalidad, un sentimiento que contribuyó a la popularidad inicial del darwinismo en el siglo XIX.

La ciencia es una actividad humana indefectiblemente condicionada por la cultura, las creencias y las ideologías. En la Edad Media la religión judeo-cristiana jugó un significativo rol en la cultura y en las concepciones de la naturaleza y su estudio, como se muestra en la escolástica. En cambio, en nuestra época, se ha generado un clima cultural de generalizado agnosticismo y franco ateísmo en el que la ciencia naturalista ha pasado a considerarse la fuente máxima del conocimiento, y para muchos, la exclusividad de todo saber posible, con un absurdo y cándido desdén por otras fuentes gnoseológicas. Un reduccionismo peligroso para la vida humana, tanto teórica como prácticamente.

Herencia del mecanicismo

La tesis de Newton sufre variaciones y cambios fundamentalmente con el desarrollo de la química moderna y el advenimiento de las concepciones de la naturaleza de la luz, pero la mecánica 'clásica' va encontrando dificultades en forma progresiva con el desarrollo mismo de la ciencia: se hace claro que la mayoría de los sistemas físicos no son lineales; la materia ya no se concibe en forma homogénea, surge la complejidad y el crecimiento exponencial de las ecuaciones; se constatan propiedades emergentes, y finalmente, en 1915 aparece la **Teoría General de la Relatividad de Einstein que presenta una visión de las leyes del movimiento significativamente diferentes**. Sin embargo, la mecánica clásica va a continuar usándose en el mundo macroscópico, fundamentalmente por su simplicidad y eficacia en el manejo de los fenómenos macrofísicos.

El **determinismo de la física clásica sufre un impacto fundamental** en la primera mitad del siglo XX con el desarrollo de la ***mecánica cuántica***. Según los principios de esta teoría, aún teniendo la información completa de un estado físico, no es posible en un momento dado, determinar en forma categórica su conducta futura, solo en forma probabilística; a lo que hay que agregar, el Principio de Indeterminación de Heisenberg. No es necesario mencionar que los conceptos indeterministas de la mecánica cuántica, en el seno mismo de la física, han significado un golpe al materialismo determinista extremo, no solo para la ciencia, sino también para la filosofía. Aún con todos estos revolucionarios cambios, la física contemporánea continúa considerando fuerzas – ahora cuatro fuerzas fundamentales-

-, corpúsculos, energía, ondas y campos, en un juego de asombrosas interacciones de misteriosos componentes, acompañado de numerosas incógnitas, y sin principios organizadores, sin 'forma' ni "teleología" más allá de efectos inmediatos. Un complejo e enigmático sistema que opera y se desenvuelve por sí mismo. Toda esta concepción física del mundo es finamente expresada y manejada en complejos términos matemáticos, siguiendo una metodología de observación, elaboración de teorías y ratificación empírica, directa e indirecta. Se puede decir que en la física contemporánea continúa el reduccionismo 'mecánico' que nació en el siglo XVII, particularmente para aquellos que piensan que lo distintivo de lo mecánico es el abandono de la metafísica ("formas", "finalidad" de los objetos creados/naturales). Es oportuno señalar que la ratificación empírica en la actualidad se ha debilitado, incluso algunos físicos teóricos intentan omitirla, para seguir especulaciones fisicomatemáticas supuestamente dotadas de poder para descubrir la realidad por sí mismas, ...hasta constituirse en la misma realidad; un regreso a un racionalismo hiperbólico que desdeña lo empírico en el estudio de la naturaleza.

En la actualidad se habla con frecuencia de ***"neomecanicismo"*** o ***"mecanicismo contemporáneo"*** para referirse en las diversas ramas de las ciencias --incluyendo la psicología y la sociología--, a procesos que subyacen fenómenos que se intentan explicar; procesos que en las ciencias de la naturaleza tienen franco carácter mecanicista, pero que en las disciplinas con rasgos humanísticos, cobran un aspecto mecanicista por analogía, pero poco claro y mal definido, y es de temer: distorsionante. Agrego que, durante el desarrollo de la ciencia moderna, estos términos han sido usados para referirse a aspectos diferentes del 'mecanicismo en ciencia' (física y química), con lo que es comprensible que se produzcan confusiones con su uso.

Mecanicismo y biología

Descartes redujo la biología a la física. La visión mecanicista del universo físico inorgánico es también válida para los seres orgánicos, compuestos igualmente de materia y, sometidos también a las leyes de la naturaleza. El cuerpo de todo animal vivo, incluyendo al ser humano, es simplemente una 'máquina', por complejo que sea. Para Descartes los animales no poseen un alma pensante, sino que son meros autómatas, máquinas robots. Y el alma del hombre es explicada por este filósofo, como una sustancia distinta (*res cogitans*) a la de la materia (*res extensa*), con lo que Descartes enfrenta la conocida dificultad de localizar y explicar las interacciones de estas dos sustancias en el ser humano; *dualismo cartesiano.*

El 'mecanicismo' no explica cómo es posible que de simples 'fuerzas', 'atracciones' y 'repulsiones' se logre la fina organización y funcionamiento de los seres orgánicos, el mecanicismo no cuenta con ningún principio organizador que explique la complejidad de los seres vivos. Desde la antiguedad la vida ha sido un enigma y un objeto de reflexiones y especulaciones. En lo que se refiere a Aristóteles, de fundamental importancia en la tradición escolástica, no consulta la noción de vida como un principio o fuerza que explique la complejidad observada en los seres orgánicos. Este filósofo habla se *zoe*, que se refiere a la acción propia de estos seres que tienen en sí mismo el principio de su propio movimiento. Los seres vivos tienen alma (vegetativa, animal, racional) que corresponde a la forma sustancial de estos entes. La vida, entonces no es un principio especial, sino que es parte de la *forma*, que se encuentra ontológicamente constituyendo todo objeto natural, pero que en los seres orgánicos es responsable de lo que denominamos *vida* (con Santo Tomás las *formas* tienen un origen divino, son ideas ejemplares en la mente de Dios). Con la eliminación de la *causa formal*, además de la *causa final* realizada por el mecanicismo, desaparece, por decirlo de alguna manera, la *vitalidad* en la mira de la ciencia, quedando los seres orgánicos reducidos a procesos de tipo mecánico.

Desde un comienzo hubo reacciones a las explicaciones mecánicas en biología, y así resurge el vitalismo, y posteriormente otras conceptualizaciones para superar la estrechez del mecanicismo. Pero como veremos más adelante, los intentos de preservar la *vitalidad* en biología no fueron particularmente exitosos, se abandonó no solo el dualismo cartesiano, sino que también el movimiento vitalista se apagó, dejando a la ciencia incapacitada de explicar satisfactoriamente la aparición y el funcionamiento teleológico de las estructuras orgánicas fundamentales para la vida. Solo con el advenimiento de la TDI se da un paso adelante para recuperar el sentido y origen de la vida más allá del mecanicismo.

Vitalismo

La visión mecanicista y matematizada del mundo natural no es fácilmente aplicable a los seres orgánicos que muestran una inmensa variedad de formas y estructuras, y una gran complejidad en sus operaciones. Y, aún más importante, se trata de organismos "vivos" que tienen esa misteriosa manera de ser, 'vivos'. La humanidad ha tratado siempre de explicar de un modo u otro esta misteriosa condición que es la vida; desde animismos muy simples y primitivos, hasta elaborados mitos y religiones que ligan la vida a la acción de seres supra humanos y divinidades todopoderosas. En nuestra Civilización Occidental la idea de 'alma' como el principio de la vida, nos ha acompañado hasta nuestros días, pero acantonada en la actualidad particularmente en la cultura religiosa.

En biología se incorpora la idea de 'alma' en el siglo XVII con el médico alemán **Georg Ernst Stahl** (1659-1734), conocido primariamente por su teoría del *flogisto*, sustancia combustible responsable de la combustión de los cuerpos. Este médico/químico propuso la idea de "*ánima*" (también la llamó *natura*), como principio inmaterial protector del funcionamiento y de la salud del organismo. Este principio no solo es responsable del funcionamiento mecánico del organismo, sino que también lo dirige a las metas necesarias para el funcionamiento completo del ser vivo. Cuando la acción del *ánima* se altera como sucede con las emociones, se produce la enfermedad. El *ánima* es un principio conectado con la divinidad, que al abandonar al organismo con la muerte, precipita la corrupción de la materia. (9)

En el siglo siguiente con **Paul Joseph Barthez** (1734-1806), el *ánima* es reemplazada por el "*vitalismo*", que comprende una "*fuerza vital*", de naturaleza desconocida, distinto de la mente en los seres humanos, y es causa de todos los fenómenos de la vida. Para Barthez, la *fuerza vital* tenía –como todo en la naturaleza--, conexiones con Dios, y determinaba y modificaba el comportamiento de los cuerpos vivos; se extinguía con la muerte. Esta *fuerza vital* no era un principio *a priori* para Barthez, sino la conclusión de la observación y de la experimentación. (10) Para el *vitalismo*, la muerte es el resultado del abandono de esta fuerza vital, y no el deterioro de la organización del sistema físico-químico del organismo propuesto por el mecanicismo.

Se considera que el *vitalismo* moderno surgió como reacción al mecanicismo cartesiano que reinaba en ese tiempo, y cobró auge con el romanticismo que veía al 'ser' como la belleza, la vida, el crecimiento y el desarrollo. El *vitalismo* tuvo naturalmente variaciones entre los diversos autores que adscribieron en esa época a esta concepción, y también en los que surgieron posteriormente con simpatías por este movimiento. El progreso creciente de las disciplinas biológicas, particularmente la medicina experimental, desacreditaron al *vitalismo* que terminó descartándose del campo científico biológico como una hipótesis 'ilusoria'. En los siglos posteriores, el *vitalismo* tuvo más éxito en el ámbito humanista, con filósofos como **Friedrich Nietzche** (1844-1900) y **Henri Bergson** (1859-1944). La ***filosofía vitalista*** levanta una barrera infranqueable ente la materia inerte y la vida, y niega la posibilidad de reducirla a procesos físico-químicos o fisiológicos. En el siglo XX, la 'vida' continúa como tema central en los existencialismos, personalismo, fenomenología, vitalismo ortegiano, y en otras disciplinas humanistas, en las que la vida con sus encantos y tragedias, y su profundo enigma, no se puede soslayar.

En las ciencias sociales o en las ciencias con ribetes sociales como la medicina y otras, la vida y sus manifestaciones se estudian ateniéndose a su complejidad y riqueza. Pero en las ciencias 'duras', las ciencias 'básicas': física, química y biología, los fenómenos se estudian con una aproximación mecanicista, y reduccionista, al punto de concebir la aparición de la vida misma en el planeta, su diversificación y los fenómenos conductuales y psicológicos que muestran los seres orgánicos, como fenómenos productos de complejas interacciones de leyes físicas, con la participación del azar jugando un papel esencial en la aparición de estos fenómenos.

Frente a la concepción de la biología convencional prevalente en su tiempo, el biólogo báltico-alemán **Jacob**

von Uexküll (1864-1944), en sus estudios de fisiología y conducta de los seres vivos elabora un complejo sistema que incorpora el ambiente como una parte fundamental para entender estos organismos; el organismo vivo y su ambiente forman un sistema completo. De este modo von Uexküll, concibió que los organismos vivos se desarrollan siguiendo un '*plan natural*' de creciente complejidad, pero siempre constituyen una unidad completa, no importando el estado de su desarrollo. Con este plan natural los organismos adquieren "reglas" generales que rigen su comportamiento; estas 'reglas' naturales se extienden horizontalmente en la naturaleza para regir el comportamiento de todos los seres vivos. Lo característico de los organismos es que están siempre en constante interacción con su ambiente. La interioridad de toda creatura viva (*mundo subjetivo*) discierne su ***mundo circundante*** (*umwelt*) como un conjunto de datos y signos sensoriales significativos para el organismo, a los que reacciona con la conducta correspondiente. Se establece un arco o circuito funcional de información y acción. De modo que, la ***"existencia biológica"*** ('la vida') no puede ser descrita, ni como un producto de una composición de partes mecánicas, ni como la suma de elementos orgánicos (funcionales), sino como un circuito de información y respuesta. Esta concepción de von Uexküll, no es vitalista, no recurre a ningún tipo de fuerza vital, sino más bien la vida es un proceso de interacciones entre sensores y efectores, generándose así un ***sistema biosemiótico***. Cada organismo posee su '*mundo circundante*' (Umwelt) con el que se relaciona, y también con los otros mundos circundantes de los seres vivos con los que entra en contacto, así se genera una intrincada **'red de vida'**, que Uexküll describe como una composición musical armónica de la naturaleza [la concepción de mundo circundante puede aplicarse a las células, órganos y sistemas de los organismos pluricelulares; estos serían armonías musicales de vida]. Uexküll se opone definitivamente, no solo a una concepción mecánica de la biología, sino que también de la naturaleza en su totalidad; el mecanicismo para este autor, priva de sentido a la vida y conduce a concebirla como un mero accidente sin propósito inherente. (11. 12) Las concepciones teóricas de Von Uexküll se adelantan a su época en muchas áreas, particularmente con sus contribuciones etológicas y biosemióticas. Para este artículo es importante recalcar sus concepciones semióticas que apuntan la acción inteligente presente en biología.

Organicismo

Un paso más complejo en la comprensión de los fenómenos biológicos –frente al mecanicismo--constituye el pensamiento de **Ludwing von Bertalanffy** (1901-1972). Bertalanffy sostuvo que las leyes clásicas de la termodinámica (segunda ley) no se pueden aplicar a los sistemas abiertos como son los seres vivos. En los seres vivientes no se observa la degradación energética y caos que se produce en los sistemas físicos, los organismos permanecen en estado de orden o información, y propuso un modelo matemático para describir su concepción sistémica de los organismos en intercambio de materia y energía con el ambiente. En este intercambio, los seres vivos incorporan materia y energía con poca entropía, esto es, material organizado, lo que les permite mantener un estado energético estable y desarrollarse en orden y complejidad; y, a su vez, los organismos eliminan materia y energía rica en entropía (desorganizada). Este proceso no es de carácter 'vitalista', ni tampoco 'mecanicista', sino de *organización funcional específica*, en la que inevitablemente está envuelta la ***información***, que para Bertalanffy se almacena y sirve de historia para el comportamiento del organismo; este autor pensaba que un modelo holístico biológico es más satisfactorio que un modelo físico-químico para explicar el fenómeno biológico.

Bertalanffy, con sus estudios y teorías de los sistemas biológicos múltiples, contribuyó fuertemente a la iniciación de la escuela multidisciplinaria conocida como ***'teoría de los sistemas generales'*** que propone que la totalidad de un sistema biológico (o de cualquier sistema complejo: psicológico, social, ambiente, etc.) es más que la suma de sus partes funcionales (sub-sistemas): el todo tiene propiedades y aún leyes diferentes a esta suma. Bertalanffy habló de ***'organicismo'*** para señalar que diversos tipos de sistemas complejos pueden ser tratados como organismos con múltiples niveles jerárquicos de sub-sistemas integrados (englobados); un sistema de sistemas (por ej. un animal contiene varios niveles jerárquicos de sub-sistemas: células, tejidos, órganos, etc.). Para Bertalanffy esta teoría de sistemas constituye una cosmovisión del mundo que permite una comprensión holística, con implicaciones epistemológicas (integración de los saberes, y contexto para investigaciones científicas particulares), ontológicas (reglas y leyes diferentes para los sub-sistemas) y ética (compromiso global y acción), pero no está diseñado para solucionar problemas concretos; en el caso de los organismos biológicos, para solucionar problemas se recurre fundamentalmente a los acercamientos tradicionales mecanicistas. (13. 14)

Es importante destacar que Bertalanffy como Uexküll, enfatizan el papel fundamental que juega la información biológica en los organismos, y los describen como sistemas complejos con múltiples interacciones. Sin embargo, los biólogos de fines del siglo XX se inclinan en gran parte a las explicaciones mecanicistas, básicamente el 'animismo' y el 'vitalismo' en cualquiera de sus formas han desaparecido del horizonte científico; para la biología la vida es derivada de la actividad de los elementos químicos envueltos. Pero el burdo mecanicismo reduccionista decimonono se ha reemplazado por una visión que considera los fenómenos biológicos como un reflejo de la ***organización compleja de estructuras fisicoquímicas funcionales*** integradas en las dimensiones temporal y espacial del organismo viviente. Este ***organicismo***, reemplaza la idea de una tosca máquina para explicar los fenómenos biológicos, y se ha constituido en emblemático en las descripciones de las funciones vitales, particularmente en la llamada ***biología post-genómica***, en la que predominan las interacciones múltiples en forma holística, con lo que se hace evidente la insuficiencia de las explicaciones bottom up. Se reconoce la autonomía y la agencia funcional de los *sistemas biológicos* con causalidad top down junto a la causalidad ascendente, en la dinámica de estos sistemas.

Sin embargo, y aunque el organicismo biológico y los sistemas biológicos constituyen un avance tangible y significativo en la descripción y comprensión de los fenómenos biológicos, no da cuenta, ni del origen de la organización de las estructuras bioquímicas y sistemas orgánicos, ni de la refinada teleología de sus acciones y efectos funcionales, que claramente son inexplicables como una simple suma de las funciones de las partes envueltas. Esta organización, principalmente de los sistemas biológicos, no es posible de explicar por el mecanicismo; en la antigüedad se pensó que era debida a propiedades de la materia misma, y en nuestro tiempo se ha hablado de ***auto organización*** como fuerza creadora de la naturaleza (15), pero esta explicación no es satisfactoria, no pasa de ser una simple descripción de lo observado, o una divinización de la naturaleza. Tampoco es epistemológicamente satisfactorio aceptar la organización biológica, su actividad teleológica y causación descendente como un mero hecho biológico dado, inherente a la biología, ignorando explicar los orígenes de este organicismo en la historia del universo.

En lo que se refiere a los complejos efectos funcionales resultantes de la organización y de la interacción de estructuras bioquímicas se explican corrientemente con la idea de ***"emergencia"***, estas funciones son simplemente un resultado ***"emergente"*** de la complejidad de la organización. El misterioso fenómeno de "emerger" un efecto biológico complejo de meros mecanismos físico-químicos, --incluyendo, para algunos autores, la emergencia de la vida misma y de la conciencia del ser humano--, se ha convertido en una explicación fácil, cómoda y vacía, porque no solo no explica qué guía la organización de los elementos químicos, su integración y sus constantes y armónicas modulaciones, sino que no explica cómo lo emergente, emerge de acciones bioquímicas sin un principio organizador que justifique la teleología. La insatisfactoria explicación de la idea de 'emergente' se hace particularmente patente cuando se refiere a la 'emergencia' de la conciencia del sustrato físico cerebral. La idea de emergente se limita a anunciar que algo nuevo, imprevisto e irreducible a lo anterior, ha ocurrido, y no sabemos exactamente cómo. La interpretación materialista continúa, basándose en que lo emergido, emerge de organizaciones bioquímicas –materiales--; pero como ya señalamos, la organización necesaria para que se produzca la 'emergencia' no se explica con métodos naturalistas mecánicos (solo existen especulaciones evolutivas darwinianas). Que el O y el H se combinen para formar H_2O con propiedades diferentes a sus componentes, en parte podrían explicarse por las propiedades fisicoquímicas de los átomos envueltos, pero se toma más bien como un hecho dado de la naturaleza; lo que sí se puede explicar con las leyes naturales es que estos elementos se combinen con facilidad; nuevamente, lo que no se puede explica es que las estructuras complejas especificadas emerjan con solo el juego de las leyes naturales y el azar.

De modo que, la nueva biología que nos habla de sistemas, teleología funcional y de causalidad descendente (top down), se encuentra en clara disonancia con la fisicoquímica, sus leyes y la dinámica mecanicista de sus interacciones, que fundamenta la biología. Se ha generado un sistema epistemológico fracturado e inconsistente de explicaciones de los procesos fundamentales fisicoquímicos, y de la complejidad biológica integrada. No hay un puente que las una y conecte, dos parcelas epistemológicas heterogéneas, sin nexo ni justificación, fuera de la conveniencia y de la utilidad. La TDI cambia esta situación dislocada, incorpora la información, y justifica la teleología funcional y la causalidad descendente en los procesos biológicos complejos. De este modo, se homogeniza el campo epistemológico de la biología.

BIBLIOGRAFÍA:

1. Slowik, Edward (2013). Descartes' Physics. Stanford Encyclopedia of Philosophy.
http://plato.stanford.edu/entries/descartes-physics (Accedido en Agosto del 2014.)
2. Descartes, Rene. «Les Principes de la Philosophie» en Oeuvres Philosophiques, F. Alquié, Vol. III. Éditions Classiques Garnier, Bordas, Paris, 1989.
3. Rocha Herrera, Leticia (Abril, 2004). Descartes y el significado de la filosofía mecanicista. Revista Digital Universitaria, UNAM.
http://www.revista.unam.mx/vol.5/num3/art19/mar_art19.pdf
4. Descartes, René. Los principios de la filosofía. Alianza, 1995
5. Aísa, Diego (1995). "La Filosofía Mecánica de Descartes, Boyle, Huygens." En: La filosofía de los Científicos, 1995, pág. 83-131. Universicad de Zaragoza.
http://institucional.us.es/revistas/themata/14/05%20Aisa.pdf (Accedido en Agosto del 2014.)
6. Aizpún, Felipe (2014). Los Argumentos de Diseño en la Antigüedad.
http://www.oiacdi.org/articulos/Argumentos_Antiguedad.pdf (Accedido en Agosto del 2014.)
7. William Smith, Ed. Mochus. A Dictionary of Greek and Roman biography and mythology.
http://www.perseus.tufts.edu/hopper/text?doc=Perseus:text:1999.04.0104:entry=mochus-bio-1 (Accedido en Agosto del 2014.)
8. Napoleon Laplace anecdote. Hmolpedia.
http://www.eoht.info/page/Napoleon+Laplace+anecdote (Accedido en Agosto del 2014.)
9. Georg Ernst Stahl. Encyclopaedia Britannica
http://www.britannica.com/EBchecked/topic/562520/Georg-Ernst-Stahl#toc687 (Accedido en Agosto del 2014.)
10. Waisse, Silvia, Maria Thereza Cera Galvão do Amaral, Alfonso-Goldfarb Ana M. Roots of French vitalism: Bordeu and Barthez, between Paris and Montpellier (2011). Hist. cienc. saude-Manguinhos vol.18 no.3 Rio de Janeiro July/Sept. 2011.
http://www.scielo.br/scielo.php?pid=S0104-59702011000300002&script=sci_arttext&tlng=en
(Accedido en Agosto del 2014.)

11. Jakob von Uexküll's Theories of Life (2008). State University of New York Press, Albany. Chapter 1.
http://www.sunypress.edu/pdf/61705.pdf (Accedido en Agosto del 2014.)
12. Jakob von Uexküll. Wikipedia. The Free Encyclopedia.
http://en.wikipedia.org/wiki/Jakob_von_Uexk%C3%BCl (Accedido en Agosto del 2014.)
13. Ludwing von Bertalanffy (1901-1972).The Information Philosopher.
http://www.informationphilosopher.com/solutions/scientists/bertalanffy/ (Accedido en Agosto del 2014.)
14. Estrella Deilyn, Pinto Luis y Ruiz Ramón. Biografía de Ludwing von Bertalanffy. En: Teoría General de Sistema.
http://teoriageneraldesistemaipsm.blogspot.com/2010/05/biografia-de-ludwig-von-bertalanffy.html (Accedido en Agosto del 2014.)
15. Kaffman, Stuart (1993). ThemOrigins of Order: Self-organization and selection in evolution. Oxfor University Press.
http://books.google.com/books?hl=en&lr=&id=lZcSpRJz0dgC&oi=fnd&pg=PR13&ots=9ZBLh_7LSp&sig=MbXE3DCTuRGBEkqSThOpUp4Gkqo#v=onepage&q&f=false (accedido Septiembre del 2014)

Capítulo III

TEORÍA DEL DISEÑO INTELIGENTE (TDI), E IMPLICACIONES FILOSÓFICAS DEL MECANICISMO

Teoría del diseño inteligente (TDI).

Como su mismo nombre lo indica, la Tesis del Diseño Inteligente (TDI) propone una *acción inteligente* para explicar la presencia de numerosos fenómenos naturales, y muy particularmente, las estructuras biológicas fundamentales para la vida. La TDI postula específicamente que ciertos rasgos de nuestro universo y muchas estructuras biológicas complejas, no pudieron haber aparecido en la historia cósmica por la sola acción de las leyes físicas naturales en combinación con el azar. Así por ejemplo, los esfuerzos realizados en laboratorios tratando de reproducir las posibles condiciones prebióticas iniciales de la tierra, presentes durante la aparición de la primera célula vida (3.5-4.5 mil millones de años) son altamente conjeturales. Los resultados experimentales --en esas condiciones--, que intentan construir piezas posibles de un largo proceso bioquímico, que lleva poco a poco a la aparición de la célula inicial, dan escasos resultados positivos en condiciones experimentales controladas y, en el mejor de los casos, constituyen segmentos aislados de una cadena hipotética de sucesos históricos. La coherencia y la factibilidad de este proceso reposan en una gran fe en el azar, --un factor irracional que se levanta como una enigmática divinidad, y que epistémicamente es una explicación sin explicación. En suma, estos experimentos solo permiten formular una explicación 'posible' considerablemente especulativa que se sustenta en un: 'pudo haber ocurrido así'. Si, a esto se le agrega que estadísticamente es escasamente probable (matemáticamente) que esas reacciones hayan ocurrido espontáneamente --considerando la edad del universo--, se puede concluir que las explicaciones naturalistas botton up han sido simplemente incapaces de dar cuenta de la aparición de las estructuras orgánicas en el planeta. De manera que la tesis que sostiene la posibilidad de la génesis natural de las estructuras básicas para el comienzo de la vida (leyes de la naturaleza y el azar), tropieza con arduos obstáculos desde el campo experimental y desde la teoría del cálculo probabilístico Más aun, todavía se puede argumentar más y, en forma muy contundente, contra esta posibilidad naturalista, basándose en la proporcionalidad causa-efecto, que señala que el efecto no puede ser mayor que la causa: del desorden y del caos no puede surgir el orden sin la intervención de un factor mayor que lo genere y lo mantenga, de lo inorgánico no puede surgir la vida, sin una causa capaz de otorgarla. Aceptar la des-proporcionalidad de las teorías naturalistas en el origen y desarrollo de las estructuras vitales (vida), simplemente significa atribuir al azar un carácter divino.

Pero la TDI no se basa solo en la incapacidad de los mecanismos naturalistas para explicar el advenimiento de estructuras complejas especificadas en biología (o en otra áreas de la naturaleza), sino que la inferencia de diseño también surge ante la teleología funcional misma, intrínseca en dichas estructuras biológicas, que requieren de un ordenamiento tal, que haga posible esta actividad teleológica, que como veremos más adelante, constituye la información biológica fundamental para el desarrollo y funcionamiento del organismo. Los acercamientos mecanicistas simplemente no cuentan con ningún principio de ordenación que explique la aparición de estos complejos ordenamientos estructurales. Lo importante a destacar en este momento, es que la propuesta de diseño apunta a un diseñador responsable de esta configuración ordenada y especificada de las estructuras complejas, para realizar actividades dirigidas a un fin. Esta propuesta de un diseñador, de un *agente inteligente* responsable de carácter sobrenatural, rompe el ***naturalismo metodológico*** que ha venido imponiéndose en ciencia. El *naturalismo metodológico* es una normativa dogmática auto-impuesta en ciencia, que impone explicaciones solo basadas en las leyes naturales conocidas; pero esta norma, que pretende conservar la pureza de la ciencia, no hace otra cosa que eliminar *a priori* otras posibilidades de investigación, aunque se realicen sin abandonar la metodología científica. El *naturalismo metodológico* intenta justificarse a sí mismo, en base a los innegables éxitos de las ciencias de la naturaleza, y también fundamentalmente por razones ideológicas que nada tienen que ver con la dinámica de la ciencia. En este sentido tenemos por un lado, el supuesto de un ***naturalismo ontológico***, esto es, una metafísica materialista que acepta solo la existencia de materia y fuerzas diversas; y, curiosamente, por otro lado, tenemos un supuesto totalmente contrario al anterior, un ***naturalismo teológico*** apoyado por algunos autores neotomistas que sostiene que Dios creó el mundo con propiedades inherentes (intrínsecas) en los objetos naturales que son responsables de todo 'cambio' en la naturaleza, y que el hombre puede estudiar y conocer a través de la actividad científica; estas constituyen las conocidas ***causas segundas***. Dios no interviene alterando el curso de estas causas. (1)

La TDI al postular la acción de un agente inteligente en la naturaleza, se abre a una causa sobrenatural, y, por tanto, no se considera como una proposición científica, de acuerdo a este dogma. Es importante tener presente que la ***TDI no rechaza las leyes naturales*** y es perfectamente compatible con los procedimientos científicos habituales, con el estudio de la evolución y la posible descendencia de un ancestro común de la cadena de la vida; pero la TDI naturalmente no acepta los mecanismos darwinianos de mutaciones fortuitas con efectos beneficiosos, y selección natural como el motor de los cambios evolutivos. La TDI rechaza la evolución ciega sin propósito ni sentido, aunque este mecanismo se presente arbitrariamente como una 'ley de la naturaleza'.

Los defensores de la TDI por su parte, rechazan el dogmatismo del naturalismo metodológico y señalan que la ciencia que estudia el origen de estas estructuras es una ***ciencia histórica*** (origen del universo, origen de la vida, origen del hombre y de la conciencia, etc.). (2. 3.) En este tipo de ciencias no es posible, ni observar los acontecimientos ocurridos, ni realizar experimentos adecuados a las condiciones iniciales del suceso histórico, malamente conocidas o irreproducibles. En estas circunstancias, las hipótesis que se formulen tendrán que basarse en la observación y en el estudio de vestigios y remanentes del tema (objeto/suceso) estudiado o, en 'condiciones análogas', y materialmente existentes en la actualidad. En el caso de la TDI, como ciencia histórica, no tenemos ni remanentes ni vestigios, pero tenemos en el presente las estructuras biológicas especificadas, cuyo origen primario se investiga. Sabemos que estas estructuras derivan del proceso genético de los organismos vivos, del cual también tenemos la posibilidad de observarlo y estudiarlo en directo.

En biología la *compleja estructura del ADN* (ácido desoxirribonucleico) –el componente fundamental del ***sistema genético***--, cuenta entre sus partes constitutivas una secuencia de nucleótidos que operan como símbolos (signos) --'letras'-- codificables, y que portan *'mensajes'*, *'material informativo básico'*, para que en la cadena de procesos subsecuentes --copia en el ARN (ácido ribonucleico) y proceso de edición con cortes y uniones--, se materialicen como mensajes prescriptivos específicos para construir en el citoplasma celular, los diversos componentes proteicos esenciales para la estructuración y funcionamiento del organismo. La escritura de mensajes biológicos no es un proceso determinista regido por leyes fisicoquímicas, sino un procedimiento abierto y contingente de uso de símbolos (signos), pero realizado con dirección y propósito; se trata de un proceso semiótico que requiere de un programador; la inferencia de diseño se hace inevitable. Naturalmente la información biológica no está basada en significados semánticos subjetivos, no son verdaderamente símbolos, sino más bien, 'signos' materializados en forma bioquímica que son 'legibles' por otras estructuras 'especificadas', que funcionan igualmente siguiendo las leyes bioquímicas; el nivel de la 'información' biológica, como la comunicación humana, es independiente del sustrato utilizado para su comunicación, aunque siempre necesite un sustrato para ser comunicable. Es importante recordar que la información proveniente del ADN, es solo una parte de la información --y no la mayor--, requerida para la estructuración y funcionamiento celular, y del organismo en su totalidad (fenotipo); esta información cromosómica se combina y suplementa con la información proveniente del citoplasma en el desarrollo embrionario: ***Información epigenética***. La información epigenética es ***información analógica,*** no codificada ni digital como la proveniente de los cromosomas del núcleo celular (genoma), y se expresa directamente. La participación del citoplasma de la totalidad de la célula, en la expresión final –y también en la elección-- del material informativo cromosómico pertinente a sus necesidades, es fundamental para la construcción del fenotipo (***regulación epigenética***).[1] Con estos descubrimientos en el campo de la genética y desarrollo embrionario, la biología contemporánea apunta a una red general de carácter informático, que ha abierto un área de investigación fascinante en la biología molecular, con muchas y fundamentales interrogantes acerca de la causalidad de la información genética y de la epigenética en el desarrollo del fenotipo. No es necesario señalar que estas preguntas, y los conocimientos hasta ahora logrados, constituyen un desafío monumental para las explicaciones (especulativas) del naturalismo mecanicista histórico (origen de estas estructuras).

La complicada organización del ADN, y su *función específica,* muestran una meta o propósito funcional (teleología) y una causalidad descendente (niveles superiores de organización pueden explicar conductas de niveles inferiores), lo que connota un *principio organizador* y apunta a diseño. Naturalmente este compuesto, y toda la carga genética de un organismo, derivan de estructuras similares previas, y así sucesivamente de generación en generación, hasta llegar a la primera célula que da comienzo a la cadena de la vida. A este nivel, la pregunta por el origen de estas configuraciones materiales --*complejas y específicas*--, se torna enigmático.

El gen de la célula inicial (tipo procariótica, sin núcleo celular), o simplemente el gen inicial, con que comienza la cadena de los seres vivos, está constituido por ADN con mensajes biológicos codificados, y es naturalmente complejo y especificado para contener estos mensajes. No se trata

[1] Para una exposición detallada y actualizada del material biológico envuelto en la información del sistema genético y epigenético, ver *"La Quinta Vía y el Diseño Inteligente"*, Capítulo III, de Felipe Aizpún Viñes. En prensa. OIACDI.

entonces de una estructura con solo una secuencia de caracteres al azar, sino que posee una configuración significativa que hace posible la presencia de estos mensajes. Con el advenimiento de las células eucarióticas y los organismos pluricelulares se genera un enorme aumento de la complejidad genética y se agregan sistemas funcionales especificados, lo que constituye un rompecabezas insoluble para los intentos explicativos de la teoría de la evolución darwiniana.

Es importante mencionar que William Dembski ha propuesto un ***método matemático*** (***Filtro explicativo***) para ayudar la detección objetiva de la complejidad especificada de las estructuras biológicas; de esta manera se logra diferenciar la simple complejidad, explicable por leyes naturales y azar, de una complejidad especificada (ordenada y con teleología), matemáticamente imposible de ocurrir espontáneamente por solo las leyes naturales y el azar, en el curso del desarrollo temporalmente finito del universo. Este procedimiento matemático metodológico proporciona una evidencia científica de diseño, pero como el mismo Dembski reconoce, este método no puede descartar falsos negativos, esto es, no señala diseño en donde también puede haberlo. Es importante enfatizar que el concepto de diseño surge primariamente de la complejidad especificada, esto es, complejidad con teleología funcional y causalidad descendente, lo que requiere para su existencia de un principio ordenador libre del determinismo causal de las leyes de la naturaleza, capaz de dar cuenta de la información biológica envuelta. La idea de diseño no es entonces, un mero concepto matemático, ni es derivado de la incapacidad explicativa de las concepciones naturalistas: no es una proposición surgida de la ignorancia ("Dios de los huecos"), sino de la imposibilidad de las leyes de la naturaleza en explicar la información en la naturaleza. Los cálculos matemáticos ayudan a despejar las hipótesis especulativas naturalistas basadas en las leyes naturales, y el azar, como posible origen de las estructuras mencionadas, y así facilita una definición operacional y científica de diseño.

La estructura del ADN, como hemos dicho, posee una organización secuencial que codifica en forma digital mensajes biológicos, desde ya, esta característica semiótica conduce a la inferencia, e 'intuición racional' de diseño, en base a nuestra experiencia diaria como seres racionales, pero aún más, por esta misma característica, se da una similitud asombrosa a la configuración y codificación digital del lenguaje humano, lo que muestra que la *especificidad de la compleja ordenación genética*, es un *lenguaje biológico* análogo al del hombre; en otras palabras, contiene ***material informativo*** en su pleno sentido, prescriptivo para hacer posible la estructuración y funcionamiento del organismo en desarrollo. El lenguaje humano tiene solo una causa conocida, un *agente inteligente* que genera objetos y medios portadores de mensajes codificados. De modo que la TDI utiliza esta observación actual y repetida del lenguaje humano, para formular una ***hipótesis adecuada***, y explicar el origen de la carga genética de la primera célula (o gen) en el universo. Se trata entonces de la propuesta de una *"vera causa"* que respeta adecuación y proporcionalidad con lo que se intenta explicar. Esta hipótesis se propone como –***inferencia a la mejor explicación***-- para dar cuenta del origen de estas estructuras biológicas complejas y especificas; y tiene un ***carácter probabilístico***, puesto que cabe la posibilidad, por remota que sea, de encontrar una causa diferente a estas estructuras semióticas genéticas y del lenguaje humano, y, por tanto, puede potencialmente, ***ser falseada***. Este procedimiento metodológico ***lógico abductivo o hipotético*** es perfectamente aceptado en las ciencias históricas, en las cuales no es posible hacer observaciones, ni experimentos adecuados para reproducir el fenómeno histórico estudiado. En este caso que nos preocupa, tenemos la observación y el estudio directo de las estructuras del ADN actual, al que se le busca su origen en la historia del universo; esta situación facilita la exploración de una hipótesis adecuada con más detalles y certeza. La inferencia de diseño debido a una causa inteligente, toma de este modo una estructura metodológica científica, más allá de una intuición intelectual o del sentido común, o de ser producto de una disquisición filosófica. De manera que se puede afirmar que la propuesta de una acción inteligente en la estructuración y función del ADN (y de todo el sistema semiótico de la información biológica) es una Tesis legítimamente científica.

La TDI no se pronuncia acerca de la naturaleza de este agente inteligente, pero naturalmente esta propuesta tiene inevitablemente fuertes connotaciones metafísicas. Tampoco la TDI se pronuncia en cómo se efectuó esta acción, ni si se realizó de manera directa o indirecta; la ciencia no está en condiciones de responder estas cuestiones. Pienso que es importante enfatizar que la hipótesis de TDI señala primariamente --por analogía--, que las estructuras biológicas complejas especificadas revelan una acción inteligente, y que no hay en la ciencia mecanicista un principio organizador, una ley natural que sea capaz de explicar la aparición de estas estructuras; las teorías naturalistas evolutivas basadas en las leyes natrales conocidas y el azar, no han logrado ofrecer una demostración adecuada de la aparición de estas estructuras. También se podría argüir desde un punto epistemológico particular, que la propuesta de la TDI es solo una estrategia práctica, un instrumento heurístico, para generar exploraciones científicas útiles, pero sin compromiso ontológico. Pero esta interpretación resulta artificiosa y difícil de mantener, ya que la ciencia opera con el supuesto básico de una realidad que responde y provee un conocimiento objetivo.

Aún con las clarificaciones metodológicas y epistemológicas mencionadas, la TDI es censurada, y algunos ideólogos la rechazan vehementemente, fundamentalmente por razones metafísicas y de creencias, excusándose en un *naturalismo metodológico dogmático* que se resiste a cualquier apertura, por fructífera que pudiera resultar. La pregunta que surge en este encuentro polémico, es si sería posible estudiar científicamente un mundo (como el nuestro) si hubiese sido creado por una divinidad sobrenatural. La respuesta es históricamente afirmativa, ya que la ciencia hunde raíces en la convicción de que el mundo fue creado por Dios de tal manera que pudiera ser conocido por la inteligencia humana; sin esta creencia básica, la ciencia no habría despegado como lo hizo.

Es importante reconocer que la propuesta de la TDI como ciencia histórica, no puede ser sometida a observación, ni experimentación, solo es posible formular la acción inteligente en base a analogías con el lenguaje del ser humano. Obviamente el hombre no tiene acceso a lo trascendente, solo puede atisbar desde su condición, consecuentemente, la TDI no incluye 'mecanismos' o procedimientos explicativos de cómo esa acción inteligente ocurre y genera estas estructuras. Sin estos mecanismos explicativos no es posible formular predicciones adecuadas acerca de la generación pasada, presente y futura de estas organizaciones complejas específicas. Las investigaciones que se generan con la TDI están relacionadas al concepto de diseño y a la información en biología y en la naturaleza en general.

Como se puede fácilmente apreciar, la TDI no es un programa mixto, una mezcla de racionalidades o discursos, científico y al mismo tiempo una forma de entender la acción divina como comenta críticamente el epistemólogo Alfredo Marcos (4), haciendo eco de las opiniones de Giberson y Artigas (5:14), a quienes cita: "un modo de entender la acción divina no puede ser un programa de investigación científica." La TDI es simplemente un proyecto científico abierto a lo sobrenatural como una explicación posible de la acción inteligente responsable de las estructuras complejas especificadas, como lo ejemplifica magníficamente el ADN. Las investigaciones que se derivan de la TDI se realizan siguiendo los procedimientos metodológicos propios de las ciencias. La TDI no es una propuesta torcida para demostrar la existencia de Dios ni sus atributos, no es un discurso de teología, ni especula acerca de la naturaleza del agente inteligente. Dios ni ninguna divinidad son objeto de estudio o demostración para la TDI; esta tesis no es un Creacionismo camuflado. La exploración de la apertura a lo sobrenatural corresponde a otras disciplinas, como la filosofía y la teología, esta es un área que no se puede abordar con la metodología propia de las ciencias. Repitiéndonos, la TDI es una hipótesis abierta a lo sobrenatural, pero fundamentada en la experiencia diaria de que toda información digital codificada es producto de una inteligencia; una hipótesis susceptible de ser falseada.

La actividad científica de la TDI se centra fundamentalmente en diagnosticar el fenómeno, y en reconocer la acción inteligente en estas organizaciones biológicas (y otros sectores de la naturaleza), abriendo de este modo, un camino importante para el estudio y la investigación de la ***información*** en la naturaleza. Y con la organización funcional de las estructuras complejas se reincorpora la genuina ***teleología*** en el mundo natural y en la ciencia. La

TDI otorga a la innegable información biológica y a la teleología funcional observada en los organismos, un sentido basado en una *acción inteligente intencional con propósito*. De este modo, se supera la concepción, por mucho tiempo predominante que atribuye la dinámica de la naturaleza a las acciones brutas de leyes naturales conocidas, en el contexto del alzar --una dimensión clara de irracionalidad--, y se pretende así, explicar la aparición y el desarrollo de la vida en el planeta. En la visión mecanicista la complejidad y la 'teleología' no existen más que como simple combinación de átomos, "puro *factum,* puro efecto, puro resultado", como dice A. Marcos (4); lo que aparece de facto, es mero resultado mecánico/casual, pudo haber sido así, o de otro modo. Creo ilustrativo citar lo que escribe J. Monod con respecto a la vida humana en la visión mecanicista del neodarwinismo: "Es muy necesario que el hombre despierte de su sueño milenario para descubrir su total soledad....Ahora sabe que está al margen del universo. Universo sordo a su música, indiferente tanto a sus esperanzas como a sus sufrimientos y crímenes.... La antigua alianza ya está rota, el hombre sabe al fin que está solo en la inmensidad indiferente del universo de donde ha emergido por azar." (6:184-190, en 4)

El espíritu de la cultura posmoderna, influido por el aplastante prestigio de las ciencias básicas, ha respirado las consecuencias de un cientifismo mecanicista reduccionista, y nos ha conducido a una especie de nihilismo de la acción por la acción, a una espontaneidad sin propósito, ni finalidad; una secuela del abandono de la teleología en el mundo. (4)

Mecanicismo y neotomismo

Del mecanicismo corpuscular y movimiento, con efecto causal por contacto directo descrito por Descartes, se pasa con Newton a un mecanicismo que opera a distancia gracias a una fuerza propia de la materia: *gravitación*. Se recuperan por decirlo, así 'las propiedades inherentes' de los objetos, de las que habla la tradición escolástica, pero se limita a una 'fuerza natural observable" por sus efectos; no se trata de un producto de especulación, aunque este pudiera ser muy explicativo: prevalece el empirismo, y también una actitud experimental; un 'diálogo' con la naturaleza. Se continúa conservando la idea reduccionista de intentar explicar y comprender mediante el uso de la matemática, la dinámica de los fenómenos naturales observados, consecuencia de la interacción de sus partes constituyentes. Frente a la amplia concepción aristotélico Tomista de las cuatro causas, la ciencia se va a reducir solo a la ***causa eficiente***. La física no cuenta con causa formal, ni causa final, con lo que ***desaparece la idea de diseño en el mundo***; y la causa material no va a ser considerada como tal, por estimarse básicamente como un concepto metafísico que, además y, de acuerdo a la tradición Tomista, no posee propiedades, excepto la de individuación. Como las cuatro causas trabajan en forma integrada, la eliminación de tres causas, distorsiona y menoscaba la causa eficiente que se retiene. La dirección y especificidad de las fuerzas físicas podrían interpretarse como una expresión de la causa final (teleología), aunque reducida y aislada, y se podría hablar de una cierta correspondencia --muy menor--, con la teleología y causa final aristotélico-Tomista; pero este tipo de consideraciones no pertenece a la ciencia propiamente tal.

De manera que el mecanicismo observado en la física contemporánea es más complejo y matematizado que el del siglo VII, sin apelaciones metafísicas explícitas y con una 'causa eficiente' reducida a una mera relación, sin el anclaje metafísico que tuvo con Aristóteles y Tomás de Aquino en los que la causalidad era un modo de la forma sustancial. Así reducida la causa eficiente pierde el sentido y significado que tuvo para estos filósofos, incluyendo su integración con las otras causas del modo de ser de la forma sustancial (de los objetos naturales). Esto significa que hablar de causa eficiente en física moderna resulta un empobrecimiento de la 'acción', reducida a un mero efecto 'mecánico', aunque no sea ya por contacto directo. El concepto de causalidad en la escolástica no es –como ya dicho--, una mera relación, sino que está ligado a la visión metafísica de la realidad natural, a la constitución ontológica de los entes.

En la ciencia moderna la metafísica no se considera explícitamente, la física va a restringirse al entendimiento de los fenómenos naturales observables como partes interactivas cuantificables: una visión *'mecanicista'* del mundo que estudia, lo que implica una postura metafísica empobrecida, un 'realismo' práctico y poco elaborado, aunque epistemológicamente manejable y útil. La ciencia *mecánica* conlleva indefectiblemente una metafísica, aunque pretenda operar con un *"naturalismo metodológico"*, que solo se acepta explicaciones basadas en leyes naturales confirmadas por la ciencia, dejando de lado toda metafísica explícita y creencias religiosas, como ajenas al proceso científico, sean estas verdaderas o falsas; simplemente estos temas no son parte de la ciencia.

No es de extrañar entonces, que el neotomismo critique que la ciencia provee solo un conocimiento parcial y limitado de la naturaleza, y recalque con fuerza el peligro que significa tomar este saber como el único conocimiento válido del mundo. Esta crítica de las ciencias es acertada, pero la solución que ofrece el neotomismo con una filosofía de la naturaleza, con los componentes metafísicos implicados, no es de fácil aceptación para el público general, no solo porque está apoyado en la fe en Dios, y ligada históricamente a una religión particular; sino también, porque en sus detalles entra en equívocos y vaguedades, usando constructos que se vuelven principios ontológicos, y la realidad misma, que para aceptarlos se requiere un acto de fe. Basta pensar en la concepción de la *forma* constitutiva de todos los objetos naturales como un principio 'real', que da cuenta de todos los fenómenos observables (y por observar) de los objetos naturales; un concepto extremadamente conveniente y pródigo que explica todo, puesto que proviene directamente de la intervención divina; *las formas* son i*deas ejemplares* en la mente de Dios. No es de desdeñar tampoco, el hecho que esta filosofía de la naturaleza, a pesar de su poder explicativo --si se aceptan sus supuestos--, no tiene el impacto del fructífero manejo de la 'realidad' que provee la ciencia; la metafísica no provee conceptos cuantificables. Naturalmente la ciencia no puede proveer todas las explicaciones de una filosofía de la naturaleza así dotada, pero esta no es la finalidad de la ciencia, que se limita a lo medible y controlable.

La filosofía naturalista neotomista es una construcción conceptual que intenta dar cuenta del mundo natural en el marco de una creencia religiosa, apelando a un racionalismo capaz de ello. Es perfectamente comprensible que esta filosofía de la naturaleza en los tiempos medievales haya generado la impresión que se entendía racionalmente el mundo natural, sobre todo considerando que la sociedad de esa época estaba abierta a la existencia de Dios, y la religión ocupaba un puesto importante en la estructura social de ese tiempo. La situación actual es diferente a la de tiempos pasados, tenemos una ciencia con una metodología teóricoempírica que goza de credibilidad por su constante búsqueda de soporte empírico, por su claro manejo de los fenómenos del mundo y sus innegables resultados tecnológicos; además, el campo filosófico se ha poblado de diversas posturas filosóficas altamente competitivas. Una filosofía de la naturaleza como la del neotomismo, tiene que estar en correspondencia con los hallazgos 'duros' de las ciencias naturales, si quiere lograr aceptación en la cultura actual; esta correspondencia se ve amenazada con la persistente resistencia de algunos sectores de esta corriente filosófico-teológica a considerar la TDI como una hipótesis viable en ciencia. Pero de igual manera, la ciencia no puede pretender ser absolutamente independiente de consideraciones filosóficas; las relaciones entre ciencia y filosofía son complejas y dinámicas, e indispensables.

¿Es la Tesis del Diseño Inteligente mecanicista?

Algunos autores neotomistas critican la TDI de caer en el mecanicismo. Esta opinión se podría entender en una primera instancia y en forma general, pensando que como la TDI emerge en el seno de la ciencia misma, cae en la visión mecanicista del mundo, o al menos, del área de la realidad estudiada por la ciencia. De partida hay que puntualizar que hablar de la 'concepción mecanicista del mundo' es un pronunciamiento de carácter filosófico/metafísico que va más allá de lo que la ciencia puede afirmar; la ciencia está limitada por sus métodos, intereses y supuestos, y aunque su estudio tenga un carácter mecanicista, no es lícito proyectarlo más allá de sus límites. El abandonar el terreno de la ciencia con su necesaria reducción de la realidad, para proyectar sus métodos y conocimientos a la realidad total, significa sucumbir al *cientifismo*, esto es, asumir que la ciencia, y sus métodos, es la mejor, si no la única, manera de conocer la realidad; una infundada postura de carácter metafísico. El *cientifismo* no es de ninguna manera una proposición de la TDI, ni tampoco el DI posee una visión mecanicista estricta del área específica que estudia, basta examinar el contenido de la TDI, para constatar que se habla de *acción inteligente* y de estructuras biológicas *diseñadas*, lo que es incompatible con una concepción mecánica de la ciencia, ni tampoco del mundo. ***La TDI rompe precisamente el mecanicismo absoluto que ha reinado en la ciencia***.

Desde una perspectiva diferente se podría pensar, o más bien especular, que las estructuras complejas especificadas de las que habla la TDI, aparecieron en la historia cósmica a partir de elementos previamente presentes, que se acomodaron --por una acción inteligente--, para lograr las estructuras diseñadas. Se trataría entonces de lo que se podría caracterizar como *mecanicismo artesanal*, o sea, un ensamblaje de tipo mecánico. Pero como ya se ha visto, la TDI solo propone que las estructuras consideradas diseñadas son resultados de una acción inteligente, pero no especifica cómo se realizó este proyecto, esta cuestión yace más allá de las posibilidades de la ciencia en las condiciones presentes. Sin duda, la TDI abre una perspectiva que queda abierta a las consideraciones de otras disciplinas y, tal vez, eventualmente para la ciencia misma.

La objeción de mecanicismo de la TDI por parte de algunos autores neotomistas toma en algunas instancias un carácter definitivamente teológico; en este sentido se debe recordar que el neotomismo es una postura filosófica-teológica particular, entre varias otras, y no tiene en modo alguno el patrimonio exclusivo de la 'verdad', de modo se puede decir que se trata meramente de una postura teológica que hace críticas a la TDI desde sus supuestos. Sin embargo es interesante analizar estas críticas desde sus propias bases, veamos. Por ejemplo se enfatiza que la creación es siempre acerca del origen del ser, en cambio, diseño se refiere a arreglos de materiales pre-existentes. (1. 7.) Esto es correcto en lo que se refiere a la creación *ex nihilo* de lo todo lo existente: origen del ser. También es correcto afirmar que diseño en el mundo del hombre se refiere a artefactos creados por el ser humano, y apunta siempre a su inteligencia que los fabrica con los materiales disponibles preexistentes. Pero este carácter artesanal de diseño se proyecta a Dios, cuando se critica la TDI, argumentando que la aparición de estructuras complejas especificadas en la historia del universo, serían para la TDI, un 'artefacto de Dios', elaboradas con materiales existentes ya creados con otros propósitos o, incluso creados *de novo* para ensamblarlos. Esta es una tesis claramente inaceptable, Dios no es un artesano, es un creador que da existencia a toda la realidad. Para analizar esta crítica de Dios artesano (un mecánico ensamblador), consideremos por ejemplo, una célula embrionaria que se desarrolla para formar un ser multicelular complejo. El tomismo nos dice que los seres creados tienen solo una 'forma sustancial', no son una colección de las 'formas sustanciales' de sus partes constitutivas, y esto es posible, porque –de acuerdo a esta filosofía--, las nuevas 'formas' de la totalidad que van apareciendo sucesivamente, subsumen las formas individuales anteriores, conservándose sus propiedades iniciales integradas en la nueva 'forma' superior, que presenta 'nuevas' propiedades. De este modo, la célula inicial va cambiando continuamente su "forma" ontológica hasta llegar a un ser adulto desarrollado. Las "formas" provienen de Dios, son *ideas ejemplares* en la mente de Dios, la continuidad del objeto/organismo en 'movimiento', la aporta la 'materia prima' (obviamente también creada por Dios), que va conformándose con las nuevas 'formas', en nuevas 'sustancias' (ser en desarrollo). Las 'formas' no son materiales, de modo que cuando se subsumen las 'formas individuales' en una 'forma superior' se reemplaza un conjunto separado de formas por una forma que comprende las anteriores; este es un proceso metafísico, no un proceso 'mecánico'; lo mecánico ocurre en lo material, en objetos naturales, en entes creados con forma sustancial. De modo que si encontramos en un momento de la historia universal la aparición de una célula con su compleja y especificada carga genética, desde el punto de vista de la filosofía neotomista es un ente 'natural' con forma sustancial –creado por Dios--, diferente a las formas sustanciales de sus componentes, aunque incluya sus propiedades. La metáfora del artesano para Dios, simplemente no es sostenible desde esta concepción filosófica. Pero debo insistir, esta es una materia teológica, no es parte de la TDI que permanece en lo empírico científico, no elabora sobre la naturaleza del agente inteligente, ni de sus procedimientos en el mundo.

Es efectivo que la concepción de la naturaleza en la ciencia actual es de fondo *mecanicista*, con *organicismo* biológico, es curioso sin embargo, observar que la naturaleza es cognoscible fundamentalmente en términos matemáticos, y la matemática es una ciencia formal, lo que indicaría que si la naturaleza se deja apresar y presentar por esta disciplina, las formas de alguna manera se encuentran en ella; de modo que la concepción mecánica de la ciencia, vendría a ser solo un aspecto de la manera del conocer científico; esta 'formalidad' que sugiere el uso de la matemática no es naturalmente equivalente a la forma sustancial del neotomismo, tal vez apuntara a una concepción más bien platónica de los objetos reales. En todo caso, con el advenimiento de la TDI, se amplía y enriquece concretamente la visión científica, ya que sin rechazar el comportamiento físico, ni químico de los componentes estudiados, incorpora en la visión del mundo natural, 'formas' complejas con teleología, portadoras de *información biológica* codificada (inteligencia).

Diseño inteligente, bioquímica y teleología

Es interesante notar que la ***teleología funcional*** observada en las estructuras complejas especificadas, depende de la configuración molecular de dichas estructuras. El efecto funcional teleológico resulta de la acción individual de sus componentes, operando en forma integrada a distintos niveles espacio/temporal. Este extraordinario proceso ocurre gracias a una acción inteligente que configura la estructura para hacer posible esta acción teleológica. En ciencia no se cuenta con un principio ordenador de la actividad mecánica, ni tampoco se considera la 'forma sustancial' como generadora de las propiedades de los objetos, sino solo se cuentan las propiedades fisicoquímicas de los elementos funcionando en un ordenamiento "especificado", que hace posible la teleología. Se podría decir en una perspectiva teológica, que la TDI estaría en este respecto más cercana a la posición nominalista que de la conceptualización aristotélicotomista, puesto que el nominalismo optó por una concepción externalista e intencionalista de la causa final. La teleología –de acuerdo al nominalismo--, no depende de las cosas mismas, sino del creador. (4) Collado lo describe así: "...es Ockham uno de los primeros adversarios de la finalidad como causa natural [posición aristotelicotomista], adoptando una consideración intencional de la finalidad. Su objetivo era precisamente reforzar la vinculación de la creación con respecto de Dios, destacando que la finalidad de la creación y mantenimiento del mundo recaen exclusivamente en Dios." (8, citado en 4)

Es claro que en ciencia, un organismo descrito biológicamente tiene unidad e imbricación de niveles funcionales, pero todo esto descrito en términos bioquímicos, es decir en la forma mecánica y organicista de la ciencia; por esto, a menudo se habla en ciencia -bioquímica—, de *máquinas moleculares.* Solo con la incorporación de la TDI, la exclusividad del mecanicismo cesa, para pasar a un nivel más alto y complejo en el entendimiento de las bases orgánicas que sustentan la vida: ***organización compleja especificada, portadora de información codificada y de actividad teleológica***. En el neotomismo la *forma sustancial* describe al organismo en su totalidad funcional, incluyendo aquello que llamamos vida, lo que la ciencia no puede hacer por su limitación constitutiva; la unidad que otorga la forma sustancial es ontológica y, por tanto, completa. Es evidente la necesidad de complementar y completar en forma armónica y equilibrada el conocimiento científico, con una perspectiva más amplia que consulte, la filosofía, el arte, la contemplación. La racionalidad del hombre no puede ser restringida a una parcela particular del pensar y del reflexionar humano, sin correr el riesgo de perniciosas distorsiones de nefastas consecuencias.

Diseño inteligente y causas segundas

La doctrina tradicional tomista de la creación distingue claramente la **creación *ex nihilo*** de Dios, en la que este da el *ser* al mundo, a todas las cosas creadas, desde la 'no existencia'; de este modo, se establece una dependencia absoluta en Dios de todo creado, dependencia que trasciende al tiempo, yace más allá del tiempo, puesto que el tiempo es parte de la Creación. Esta dependencia de lo creado en la creación divina, en la teología natural tomista, es posible comprenderla gracias al poder racional del hombre, y sin la ayuda directa de la fe; en otras palabras, este acto creador primario es perfectamente inteligible, y se conoce como ***"causa primera"***. Esto no significa que el hombre pueda entender ni demostrar el acto creador mismo de Dios. Pero junto con crear Dios al mundo, le otorgó a las cosas creadas, ***propiedades intrínsecas*** para que el mundo tenga autonomía y se desarrolle en forma independiente de su acción directa; la divinidad se limita en este caso, a mantener estas propiedades. La racionalidad humana puede estudiar y comprender la dinámica y la transformación del mundo (naturaleza) en la expresión de las propiedades inherentes de las cosas; las creaturas ejercen su influjo causal según su 'naturaleza', esta causalidad se conoce como ***"causas segundas"***. De esta manera, Santo Tomás separa la acción divina, de las transformaciones materiales del mundo. Se establecen dos órdenes de actividad causal, no se trataría de una simple diversidad causal, sino que de dos tipos causales ontológicamente diferentes que supuestamente no entrarían en confrontación. Naturalmente en este esquema tomista, hay excepciones para la acción directa de Dios en el mundo para dar cabida a los milagros, y a la Providencia Divina. La confusión de estos ordenes de causalidad, dicen estos teólogos, genera problemas y confusiones, como, por ejemplo, el relacionado al Big Bang, que equivocadamente algunos autores lo consideran una confirmación de la doctrina de la creación *ex nihilo*; pero se trata de dos niveles de causalidad que no deben confundirse, cada uno corre por su propio curso; por dos sendas ontológicas distintas. Y como consecuencia se generan dos órdenes de conocimiento humano, el derivado de la creación *ex hihilo* (consideraciones metafísicas), y el conocimiento científico de las transformaciones en el mundo.

La concepción de ***dos órdenes de causalidad***, con toda la controversia que haya podido generar en los distintos momentos históricos, ofrecía una cierta protección a las elaboraciones metafísicas desprendidas de la creación *ex nihilo*, y también en cierto modo a las verdades mismas de la fe. Sin embargo, esta protección comienza a quebrajarse peligrosamente con el avance de la ciencia moderna, y más claramente con la ciencia contemporánea. Pero este ordenamiento de los órdenes causales todavía se mantiene, fundamentalmente por varias razones teológico-metafísicas (entre otras, éticas) conectadas con esta concepción de causa primera y causas secundarias, cuyo análisis escapa al propósito de este trabajo. Como veremos en el próximo capítulo a propósito del 'ocasionalismo', esta categorización causal en dos órdenes separados tajantemente trae algunos beneficios teológicos, pero genera también serias dificultades al limitar la acción de Dios en el mundo por el determinismo de las leyes físicas que cierra el paso a las intervenciones divinas puntuales. La resolución de estas dificultades no está aún a la vista.

Por estas razones, diversos autores neotomistas señalan con firmeza que el advenimiento de la vida y otros fenómenos, que la TDI postula ser el resultado de una acción inteligente, pueden y deben ser explicados por *"las causas segundas"*. Estos autores rechazan la TDI como intervencionismo puntual de Dios, inaceptable y amenazador de la condición de posibilidad de la ciencia humana, se viola la frontera de las dos causalidades, y además si la TDI postulara abiertamente que el agente inteligente fuera Dios, sería un Dios diferente al visualizado por la teología de Tomás de Aquino. En consecuencia, adoptan e imponen restricciones a la actividad científica, por lo que se podría denominar un ***'naturalismo teológico'***. Es importante señalar que la actitud de la TDI en restringirse a lo empírico científico, significa, de acuerdo a la teología neotomista, el adscribirse al camino ontológico causal de las transformaciones materiales --el de las causas segundas--, y la propuesta de un agente sobrenatural constituye un salto a otra causalidad ontológicamente diferente, lo que generaría una contradicción interna en la teoría, algo así como un oxímoron. Pero se trata de la perspectiva de una teología natural particular, incluso se podría hasta decir, de una interpretación de una teología tradicional; y de ninguna manera se pueden aceptar sus juicios realizados con la pretensión de poseer la verdad destilada de la relación de Dios con el mundo, y con autoridad para prescribir reglas metodológicas a la ciencia.

Estos autores neotomistas, explícitamente sostienen que las ciencias de la naturaleza son competentes para explicar estos fenómenos naturales disputados, por eso muestran un gesto receptivo a la tesis neodarwinista de la que hacen una interpretación benigna, en el sentido que Dios se ha valido de los procesos mecánicos y fortuitos para generar la vida en el planeta, y traer la finalidad y teleología al mundo biológico. (Estos temas los trataremos nuevamente en el próximo capítulo.) Otros autores, simplemente esperan que en el futuro las ciencias descubran las leyes adecuadas para dar cuenta de esos fenómenos, y si no lo lograsen, se instalan muy tranquilos en una espera indefinida. Como se puede apreciar, en estas críticas se transparenta una coalescencia de conceptos metafísico-teológicos con los científicos, mezclándose dos racionalidades. El discurso científico tiene sus fines y propósitos, sus métodos, sus limitaciones y posibilidades; la ciencia constituye un terreno constreñido si se compara al discurso metafísico-teológico que maneja términos genéricos, abstractos, de un potencial 'explicativo' providencial. De modo que hacer de los términos 'causas segundas' y 'leyes científicas' una equivalencia en carácter y posibilidades no es adecuado; el hacerlo, solo genera confusiones y consecuencias equívocas y deletéreas, como es, en este caso, el paralizar el progreso científico. (1. 9)

BIBLIOGRAFÍA:

1. Ruiz Rey, Fernando (2014). Diseño inteligente y Teología neoTomista. http://www.oiacdi.org/articulos/DI_y_Teologia_natural.pdf (accedido: septiembre, 2014)
2. Ruiz R. Fernando (2014).Ciencias experimentales, ciencias históricas y diseño inteligente. http://www.oiacdi.org/articulos/CIENCIAS%20HISTORICAS_O_DEL_ORIGEN.pdf (accedido septiembre, 2014)
3. MEYER C, STEPHEN (2009). "Signature in the Cell. DNA and the evidence for Intelligent Design." Harper One. An Imprint of Harper Collins Publishers.
4. Marcos, Alfredo. Figuras contemporáneas de la teleología. Universidad de Valladolid, España. http://www.fyl.uva.es/~wfilosof/webMarcos/textos/Textos_2013/Dial_Fil_2012.pdf (accedido el 27 de Agosto del 2014.)
5. Giberson, Karl y Artigas, Mariano. (2007). Oracles of Science. Celebrity scientists versus God and Religion. Oxford University Press, Oxford.
6. Monod, Jacques (1983). "El azar y la necesidad." Tusquets, Barcelona.
7. Feser, Edward (2010). "ID theory, Aquinas, and the origin of life: A replay to Torley." http://edwardfeser.blogspot.com/2010/04/id-theory-aquinas-and-origin-of-life.html (accedido: junio, 2014)
8. Collado, Santiago (2012). "La inteligencia del diseño inteligente", en Rodriguez Valls, Francisco (ed). La inteligencia en la naturaleza: del relojero hasta el ajuste fino del universo. Biblioteca Nueva, Madrid.
9. Aizpún, Felipe (2012). El Prof. Santiago Collado sigue sin entender el Diseño inteligente. En OIACDI. Blog. http://www.darwinodi.com/?s=Felipe+Aizpun+Santiago+Collado&submit=Search (accedido: septiembre, 2014)

Capítulo IV

OTRAS APROXIMACIONES NATURALISTAS AL EVOLUCIONISMO

El Evolucionismo Teísta

El movimiento del DI se ha visto compelido a afrontar críticas que le han venido desde todos los puntos del espectro ideológico. Muchas, por supuesto, desde las filas materialistas, pero otras lo han hecho igualmente desde las filas teístas. Por una parte, desde autores adscritos al tomismo renovado de nuestros días; por otro lado, desde pensadores partidarios de lo que se ha dado en llamar el Evolucionismo Teísta (ET). Dedicaré más tarde una parte principal de este trabajo a profundizar en los análisis de las posiciones de algunos autores neotomistas en relación al DI, pero por el momento comentaré determinados aspectos de las teorías propias del ET.

Entre los representantes más destacados de este movimiento cabe considerar a Francis Collins, genetista estadounidense que dirigiera durante nueve años el Proyecto del Genoma Humano y promotor de "The Biologos Foundation", una institución que agrupa a científicos que se dicen orientados a defender conjuntamente sus convicciones religiosas y el desarrollo de una tarea científica comprometida y seria. Collins, ateo o poco religioso en su juventud, declara haberse convertido al cristianismo de las iglesias evangélicas a lo largo de los años merced a su experiencia vital y recoge sus convicciones a este respecto en su libro "The Language of God: A Scientist Presents Evidence for Belief" (2007). Junto a Collins, destacan en este movimiento entre otros, dos autores canadienses: el físico y sucesor de Collins en la fundación Karl Giberson y el biólogo y filósofo Dennis Lamoureux.

Los mencionados autores representan la versión más "radical" del evolucionismo teísta, en el sentido de que promueven una visión claramente darwinista de la evolución de las formas vivas. Consideran que la síntesis moderna (o neodarwinismo) supone una explicación perfectamente correcta del modo en que han ido surgiendo las formas vivas a lo largo de la historia de la vida en nuestro planeta merced a mutaciones fortuitas acumuladas por la acción de procesos sometidos al filtro de la selección natural en la lucha por la supervivencia. De esta manera, el conocimiento científico se constituye para ellos en la forma predominante de adquisición de convicciones en torno a la realidad aunque dicho conocimiento queda relegado al ámbito del paradigma dominante en las últimas décadas por lo que a la biología se refiere.

La epistemología del ET queda en cierto modo reducida al ámbito de lo estrictamente biológico sin que, en contraste con sus confesas convicciones religiosas, puedan aportar explicaciones satisfactorias para ciertas manifestaciones de lo real como los valores y la finalidad inherente a los seres organizados, como las facultades mentales y en especial la inteligencia racional del ser humano y la existencia del libre albedrío y su consecuencia más inmediata, los criterios de moralidad; al menos, no sin caer en la trampa del naturalismo ontológico y el eliminativismo materialista. Los autores del ET se ven restringidos a aceptar una visión darwiniana del mundo en el que la Tierra se formó como consecuencia de la mera acción de las fuerzas naturales, la vida emergió de manera fortuita en un mundo inanimado y las formas vivas emergieron de forma casual sin responder en ningún caso a la acción intencional de un Dios providente. O al menos, esto es lo que el estudio de la realidad que su concepción de "la ciencia" nos ofrece parecería garantizar. Compatibilizar estas convicciones con las creencias religiosas de "cristianos serios" como Collins gusta de definirse parece tarea difícil; sin embargo los autores del ET se han aplicado a ella con entusiasmo.

Claro que para ello han tenido que dejar de lado algunos de los planteamientos fundamentales de las confesiones cristianas; en especial por supuesto de las que se adhieren al literalismo bíblico más estricto, pero en general de todas ellas en la medida en que consideran como un dato esencial de la revelación la posibilidad de encontrar la huella de la acción divina en el estudio de la Naturaleza. El ET se encuentra así en las antípodas de la tradición de la Teología Natural clásica al estilo de Paley y no es de extrañar que los autores del ET y los que promueven las ideas del DI hayan congeniado francamente mal.

El ET implica una perfecta separación entre las convicciones científicas y las creencias religiosas que se nos ofrecen como expresiones de ámbitos del conocimiento imposibles de contrastar. La intervención del Dios creador queda relegada al respeto pasivo por procesos naturales en los que no existe intervención específica alguna por su parte. La relación del Creador con el Universo creado debe de entenderse únicamente como una dependencia ontológica según el concepto de la Causa Primera, mientras que los procesos naturales nos muestran el resultado de una acción creadora a partir de la acción eficiente de causas secundarias. Por supuesto este tipo de planteamientos obliga a relegar el sentido y el alcance explicativo de los textos revelados al espacio que permiten los dictados de una determinada visión científico-filosófica propia del modelo oficial imperante entre una intelectualidad mayoritariamente materialista. Por ejemplo, el monogenismo esencial en el seno de la teología y la teodicea cristianas, en especial en relación al concepto de pecado, choca frontalmente con las teorías evolucionistas y en especial con la genética de poblaciones.

El ET, que se adhiere sin dudarlo a los criterios de la síntesis moderna, se ve por tanto en la necesidad de conciliar un proceso evolutivo ciego y no guiado con el papel en la Historia de un Dios creador. Se enfrenta así a la tarea de compatibilizar dos modelos explicativos de la realidad perfectamente contradictorios en lo que se refiere al sentido y finalidad de la existencia. En todo caso se ve abocado a admitir la imposibilidad de encontrar en el estudio de la Naturaleza huella alguna de la acción creadora de su Dios religioso, de manera que las creencias en éste último se convierten en una mera elección añadida y quedan como una posición perfectamente prescindible, superflua, que en nada resulta necesaria para obtener una explicación justificadora de la finalidad y el sentido de nuestra existencia. A pesar de ello, autores como Lamoureux han preferido describir sus posiciones, no tanto como evolucionismo teísta, sino como "creación evolutiva" arguyendo que el proceso evolutivo tal como la ciencia moderna lo describe constituye la manifestación última del acto creador del Dios de las religiones.

Para algunos autores adscritos al movimiento del ET, la conciliación de los procesos evolutivos fortuitos con la idea de un Dios creador permitiría una mejor comprensión del problema del mal en el mundo, una de las cuestiones centrales en la oposición intelectual de los filósofos ateos a las posturas creacionistas. Así se manifiesta por ejemplo el teólogo católico Stephen Pope en sus escritos y a la propagación de dicha idea se ha aplicado con fruición el conspicuo darwinista Francisco Ayala. Ayala, abusando de un cierto halo de cercanía a planteamientos religiosos heredado de su fugaz pasado como sacerdote católico en su primera juventud, pontifica con furia en sus últimos años en contra de las ideas del DI arguyendo que la pretendida responsabilidad de una divinidad creadora en los procesos de la vida le convertiría directamente en culpable de todo el mal existente en el mundo y que sólo el carácter fortuito de dichos procesos nos permite conciliar el mal existente con la idea de un Dios providente y benévolo.

Por supuesto el DI es absolutamente ajeno a este tipo de disputas. El carácter científico y filosófico de sus propuestas no incluye posición alguna en torno a tan problemática cuestión; por otra parte la teodicea de las distintas corrientes de pensamiento cristianas ha abordado a lo largo de la historia el problema del mal de forma suficientemente consistente en el seno de sus marco teológico sin necesidad de que el darwinismo esencialmente materialista dominante haya de venir en su rescate. El DI carece por completo de una proyección teológica, sus planteamientos se mueven estrictamente en el ámbito de la ciencia y de la proyección filosófica de los datos que la ciencia nos aporta. Las implicaciones teológicas de sus propuestas, si las tuvieran, le son perfectamente ajenas y no pueden constituir en ningún caso prueba de la validez o la falsedad de sus argumentos.

Por el contrario, son las contradicciones propias del ET las que resultan más difícilmente acomodables. Pope por ejemplo nos describe en su libro de 2007 "Human Evolution and Christian Ethics" las teorías evolucionistas al uso como un proceso ciego, es decir, no guiado por mente alguna y que carece de previsión o plan alguno en relación a fines. Se trata de un proceso puramente físico, eficiente, productivo, en cuanto que genera la existencia de las distintas especies y entre ellas del ser humano como continuador de una saga de primates precedentes en la escala evolutiva. El proceso es por tanto esencialmente "creativo" y capaz de generar nuevas clases de seres o entidades. De esta forma el sentido originario del texto bíblico en cuanto a la voluntad específica y la ideación creadora de las diferentes formas vivas por parte del creador, pierde todo su significado. El alcance del sentido de los textos revelados quedaría así limitado por el modelo científico dominante y sus implicaciones filosóficas.

Además, si remitimos en exclusiva a la evolución natural y a su carácter no guiado y fortuito la responsabilidad de la emergencia de toda la dimensión espiritual, racional, teleológica y moral presentes en la Naturaleza nos vemos obligados a asumir posiciones que en nada difieren de los emergentismos reduccionistas tan en boga en la actualidad. Hemos convertido a cualquier forma de divinidad trascendente en un recurso explicativo absolutamente superfluo e innecesario. El ateísmo queda así constituido como la opción más razonable por mera cuestión de parsimonia.

Los autores del ET han manifestado abiertamente su rechazo a los planteamientos del DI por diferentes motivos. Principalmente por supuesto porque su compromiso con el dogma darwinista y el naturalismo metodológico es más fuerte que su compromiso con los dogmas religiosos tradicionales. De esta forma se han aferrado a un modelo explicativo que, como luego veremos con más detalle, va palideciendo sin solución ante los descubrimientos inexorables de la verdadera ciencia, y eso les coloca en posición de abierta controversia frente a los defensores de los postulados del DI. Además, han atacado a estos últimos con argumentos de tipo filosófico y religioso. El teólogo de la Universidad de Nottingham Connor Cunningham ha llegado a escribir que los planteamientos del DI resultan a la postre tan "diabólicos" y "heréticos", aunque por motivos obviamente diferentes, que los del propio ultradarwinista Richard Dawkins.

Otros autores han optado por acusar al DI de participar del error filosófico del ocasionalismo o por defender con ardor que el DI es un argumento desde la ignorancia que busca tapar los huecos del conocimiento racional con la propuesta de un "Dios de los agujeros" (God of he gaps), o que el DI sostiene que si la huella de diseño no estuviera patente en la Naturaleza eso implicaría que Dios estuviera ausente necesariamente del proceso natural considerado. Ninguno de estos argumentos atina a dar en el blanco. El argumento del DI no es una razonamiento negativo o por exclusión sino una intuición positiva y directa que implica a nuestras categorías racionales más elementales en la identificación de determinados modelos observables con la acción intencional de un ser inteligente, todo ello además sustentado en el conocimiento y la experiencia profunda del actuar inteligente de los propios seres racionales que somos los humanos.

Por supuesto la huella de una acción inteligente en la Naturaleza no presupone la forma en que tal inteligencia pueda haber actuado, ni el papel que los procesos naturales hayan jugado en el acto creativo, simplemente nos pone de manifiesto la existencia de lo que Dembski ha denominado con acierto "una diferencia discernible". Por ello la acusación de ocasionalismo resulta especialmente desafortunada. El ocasionalismo, en los términos utilizados por algunos defensores del ET contra el DI implicaría achacar a estos últimos la defensa de un intervencionismo permanente de Dios en los eventos naturales, al considerar la insuficiente capacidad de causación de los procesos naturales en relación a los efectos observados y en concreto, y como manifestación de esta teoría general, de la incapacidad del proceso evolutivo para generar las formas vivas que conocemos atribuyendo a la necesaria intervención de fuerzas sobrenaturales todo el peso de la capacidad creativa del proceso. Nada de esto sin embargo forma parte de las teorías del DI. El DI no exige estrictamente la intervención milagrosa de la divinidad rompiendo el imperio de las leyes naturales de manera permanente. En todo caso, cuando los agentes inteligentes observables operan en la Naturaleza no lo hacen vulnerando o suspendiendo las leyes de la Naturaleza sino aprovechando y dirigiendo las mismas a la producción de efectos determinados y la consecución de fines concretos.

El contraste entre eventos naturales y las intervenciones supuestamente sobrenaturales de un diseñador inteligente no es el objeto central del debate. El debate debe discurrir entre la causación de los efectos por causas naturales no guiadas y ciegas, carentes de finalidad, o el concurso necesario de un agente inteligente que dote de direccionalidad a los procesos. Lo que se discute es si las mutaciones fortuitas y la selección natural tienen por sí solas capacidad para generar la enorme complejidad y diversidad de las formas vivas que conocemos y en especial la condición racional y el libre albedrío de los seres humanos. La intervención de una causa inteligente, cualquiera que sea su modus operandi, no implica necesariamente una intervención "milagrosa" en el sentido de suspender la aplicación de las causas naturales. Lo que los autores del DI defienden es que la mera operatividad de las causas naturales no garantiza que los eventos evolutivos puedan generar las formas de vida más complejas que conocemos ya que el sustrato informacional necesario para la constitución de sus formas sustanciales sugiere la concurrencia de una causa inteligente como la explicación más razonable.

Por su parte, los autores del DI consideran que la falla fundamental del ET reside en su equivocada afiliación en el campo del darwinismo científico más recalcitrante. Sostienen que la evidencia que la ciencia nos muestra permite reconocer al modelo darwinista como esencialmente fallido y en consecuencia niegan que pueda exhibirse como la forma más probable de actuación o la manifestación de la acción creadora de una hipotética divinidad. La crítica del DI al darwinismo se basa en el fracaso de este modelo para dar cuenta de forma suficiente y adecuada de los eventos acaecidos en la historia de la vida, y nunca en la posible contradicción del darwinismo con determinados valores o creencias, especialmente de naturaleza religiosa. De hecho, cualquier reflexión sobre la compatibilidad del modelo darwinista con creencias de naturaleza religiosa pasa previamente por considerar el modelo darwinista como correcto. Si no es así, el análisis de la eventual compatibilidad resulta perfectamente superfluo tal como lo sería el estudio de la concordancia de los textos bíblicos con la existencia del flogisto.

Lo que los autores del DI consideran en realidad incompatible no es el proceso evolutivo en sí con la intervención de una causa inteligente, sino ésta con el proceso descrito por sus causas según el discurso darwinista. Darwinismo y DI compiten por aportar una explicación satisfactoria de las causas que han podido regir un hipotético proceso evolutivo. Las explicaciones teleológicas no son explicaciones alternativas o excluyentes a las explicaciones eficientes o materiales sino plenamente compatibles en concurrencia de causalidad. Existen diversas concepciones del término "evolución" y muchas de ellas son perfectamente compatibles con las teorías del DI. Behe por ejemplo admite un cierto ámbito de variabilidad en las formas vivas que puede perfectamente ser descrito en términos darwinistas y admite igualmente la posibilidad de un proceso evolutivo ("common descent") dirigido por recursos informacionales presentes en la Naturaleza desde el inicio, es decir programado con antelación. Eso sí, sostiene con firmeza que las características intrínsecas de las formas vivas, y en especial la disposición oportuna de las partes en relación al todo para garantizar su carácter funcional revelan de manera inevitable una causa inteligente en el proceso.

Lo que rechazan los autores del DI es la reducción que propone el darwinismo de la teleología inmanente de los seres vivos a meros procesos materiales haciendo así innecesario el concurso de un agente intencional para explicar el propósito y la orientación a fines observable en los objetos naturales. El rechazo al darwinismo se debe a la representación que los propios autores darwinistas hacen de la Naturaleza y sus procesos negándoles explícitamente, y como un elemento esencial al modelo, cualquier propósito o finalidad. La idea del "relojero ciego" de Dawkins ejemplifica claramente este concepto. Por eso, y tal como ha manifestado Dembski, los partidarios del ET deberían reflexionar; o bien deberían admitir que la evolución es un proceso finalista a diferencia de lo que implica su adscripción al modelo darwinista, o deberían admitir que el "teísmo" que proponen resulta perfectamente prescindible para entender el modelo evolutivo que defienden.

La Evolución Convergente y la Teleología

Pero no todos los autores afines al ET participan de una visión darwinista radical del proceso evolutivo. Muchos científicos han entendido que los datos que nos presenta la Naturaleza no pueden reducirse simplemente a una sucesión de eventos fortuitos y que algún tipo de explicación causal complementaria se hace imprescindible. Entre ellos se encuentra el británico Simon Conway-Morris un paleontólogo de la biología dedicado fundamentalmente al estudio de la explosión del Cámbrico y que ha profundizado con una dedicación especial en el fenómeno de la evolución convergente. Denominamos evolución convergente al hecho de la aparición de estructuras biológicas o procesos metabólicos o fisiológicos altamente específicos en linajes distantes de un hipotético proceso evolutivo, es decir, en organismos cuyo supuesto ancestro común carecía de dichos rasgos.

Por supuesto el ejemplo más emblemático de este fenómeno es la similitud entre una gran cantidad de formas vivas que encontramos entre los mamíferos por un lado y los marsupiales por otro. Pero el número de fenómenos de evolución convergente o paralela es enorme en la Naturaleza; otro de los más representativos es el de los sistemas de ecolocación que comparten animales tan diferentes y alejados en el proceso evolutivo como los murciélagos y los delfines. Ante este tipo de manifestaciones que Conway-Morris ha analizado con profundidad, el biólogo británico ha terminado por concluir que la generación por azar de tales estructuras complejas de forma repetitiva no es una explicación satisfactoria. Conway-Morris es creyente, sin embargo, su compromiso científico con el naturalismo metodológico le aleja de las posiciones del DI, lo que le lleva a concluir que algún tipo de teleología resulta inevitable, quizás como consecuencia de la existencia de algún tipo de "ley" o finalidad impuesta mediante constricciones u otra clase de determinismo presente en la Naturaleza.

El estudio de los fenómenos de evolución convergente ha deparado en los últimos años algunos resultados de gran interés. Así por ejemplo, los estudios relativos a los aparatos de ecolocación de algunos mamíferos han demostrado que no solamente se encuentran rasgos o sistemas biológicos similares en linajes alejados sino que además, en algunas ocasiones tales rasgos se corresponden con la existencia de secuencias genéticas similares. Sabemos por los estudios de Axe y Gauger de la altísima improbabilidad de que se obtenga una sola secuencia genética funcional codificadora de una única proteína por azar. Pues bien, un estudio publicado por la revista Nature en Septiembre de 2013 y firmado por J. Parker et al. daba cuenta del descubrimiento de que los sistemas de ecolocación mencionados presentaban una base genética similar en la que cientos de genes se correspondían de manera exacta en unos y otros organismos, no solamente en cuanto a los genes directamente involucrados en la expresión del rasgo mencionado sino también en un conjunto de genes involucrados en los sistemas reguladores de la expresión y localizados en sedes distintas del genoma en número de 200.

Lo que para muchos constituiría una prueba evidente de diseño intencional no hace sino apuntar, para algunos otros, hacia la existencia de una direccionalidad inherente en los procesos naturales, mientras que los acérrimos defensores del modelo darwinista tradicional se limitan a comentar que tales descubrimientos prueban que "la evolución convergente probablemente sea un fenómeno más extendido de lo que anteriormente se pensaba".

Conway-Morris considera que los fenómenos de evolución convergente que aparecen en forma tan similar en organismos filogenéticamente distantes no pueden ser producto del azar y que por tanto, el curso de la evolución ha de estar, en cierta medida determinado por alguna forma de ley natural y las condiciones de nuestro Universo. De la misma forma, cabría considerar que la aparición del ser humano podría estar también determinada por las leyes de la Naturaleza en última instancia. Así por tanto, podríamos pensar que la evolución darwiniana ejecuta los designios de un creador a través de las constricciones y determinismos inherentes a la propia Naturaleza. Los datos de la evolución convergente servirían por tanto para reforzar la convicción de que los procesos naturales de la evolución están en última instancia gobernados por una inteligencia rectora que instituye una direccionalidad al proceso a través de las limitaciones y constricciones que definen las posibilidades reales de los resultados aparentemente fortuitos.

Pero el discurso de Conway-Morris no es en absoluto convincente. La existencia de constricciones o leyes naturales delimitadoras de las posibilidades de conformación de los organismos naturales dista mucho de ser una explicación suficiente para el fenómeno de la evolución convergente. Las restricciones formales no constituyen por sí mismas explicación alguna del proceso de acreción de complejidad y de la propia emergencia de formas específicas tan improbables y caprichosas como las que conocemos. La idea de que los procesos se nos siguen presentando como eventos naturales únicamente se enriquece con la reflexión añadida de que algunas restricciones a las posibilidades de expresión de estos procesos parecen relevantes. Pero nada de ello añade la necesidad de invocar una causa trascendente a la fe darwinista profesada y por tanto, incluso ante la contemplación de estos fenómenos no nos cabe más opción, como antes he señalado, que prescindir del sentido fortuito de los eventos de naturaleza darwinista, o renunciar al carácter teísta del modelo por superfluo e innecesario. En definitiva, debemos de nuevo considerar si los procesos que imaginamos han producido los resultados observables pueden ser considerados como estrictamente naturales o por el contrario los resultados obtenidos exceden a la capacidad de alcance de procesos de tal condición.

Si uno puede creer que estructuras biológicas tan complejas como los sistemas de ecolocación o el ojo humano pueden haberse formado de manera fortuita en procesos estrictamente naturales no guiados, entonces no hay razón para pensar que la repetición de tales fenómenos en linajes distantes exija una causalidad intencional o que tales ocurrencias pongan de manifiesto una mano invisible rectora de todos los demás fenómenos evolutivos. Nos enfrentamos al eje central del argumento de diseño, la definición por intuición directa de una correlación imprescindible entre determinadas manifestaciones de orden y organización en la Naturaleza y una causa inteligente. Desde el punto de vista del DI indudablemente los fenómenos de la evolución convergente constituyen sin duda una manifestación añadida de la acción intencional de un diseñador inteligente, pero esta convicción no es sino corolario de la convicción previa de que los propios organismos biológicos, por su conformación exquisitamente compleja y funcional son ya, por sí mismos, la manifestación evidente de un diseño intencional.

No se puede cerrar esta reflexión sin un recuerdo para la figura del zoólogo francés Pierre Paul Grassé autor del libro de 1973 "L´évolution du vivant" y a quien ya me he referido anteriormente. Grassé, para muchos uno de los científicos más lúcidos de su tiempo, vivió en un ambiente intelectual dominado por la exaltación unánime del modelo neo-darwinista. Sin embargo en su obra, de gran profundidad teórica, se desmarca de forma rotunda del modelo dominante al que considera, en términos científicos, absolutamente fallido. Por el contrario y con independencia de cuáles sean los mecanismos biológicos que en términos históricos hubieran propiciado la aparición de las distintas especies, Grassé considera inevitable la existencia de una teleología inmanente al proceso, de tal manera que, en muchos casos, la aparición o emergencia de determinados rasgos en algunas especies no adquieren plenamente significado y funcionalidad por sí mismos sino en relación a fenómenos evolutivos posteriores en el tiempo en beneficio de especies aún no aparecidas.

Todo ello implicaría por tanto la huella de un propósito o intención en el proceso y aunque Grassé no se manifestara en ese sentido, para muchos este tipo de reflexiones apuntan a una huella de diseño intuida, de nuevo, como un ejercicio de percepción propia de nuestras categorías racionales. Grassé manifestó también, siguiendo la estela de autores como Paley o Cuvier, y precediendo a las exposiciones más detalladas y contundentes de Behe, que muchos organismos presentan rasgos de armonía interna de sus partes en relación al todo, en el sentido que Paley calificara de "relación" y Behe finalmente de "complejidad irreducible".

Michael Denton y el Front-Loading

Michael Denton es un científico británico que ha trabajado la mayor parte de su carrera profesional en Australia y que es autor de un célebre libro publicado en los años 80 del pasado siglo con el título "Evolution; a Theory in Crisis". Este libro presentaba una crítica devastadora en términos estrictamente científicos al paradigma darwinista reinante y su lectura motivó que autores tan relevantes como Philip

Johnson y Michael Behe se alistaran en el proyecto que acabó consolidando el movimiento moderno del DI. El libro no es en sí mismo una apología de la inferencia de diseño sino estrictamente una argumentación poderosa a favor de que la evidencia científica no se acomoda en absoluto al modelo darwinista que pretende explicar la realidad de la vida, las formas vivas y su evolución en el tiempo.

Denton sin embargo no ha ocultado nunca sus convicciones profundas al respecto. En una entrevista concedida en 2014 manifestaba sin ambages lo siguiente:

"Puesto que no se puede explicar la complejidad adaptativa según el modelo de acumulación y selección de Darwin, realmente hay que volverse hacia alguna hipótesis de diseño... En cuanto a hacia donde va la ciencia en el futuro creo que va a ser cada vez más obvio, según avanza la revelación científica, que no se puede explicar la vida en el Universo sin proponer la existencia de un orden inteligente subyacente"

Denton reconoce la importancia de su obra en la consolidación del movimiento del DI si bien nunca se ha considerado parte destacada del mismo. Las ideas de Denton en torno al carácter inteligente del orden en la Naturaleza no coinciden plenamente con las propuestas de otros miembros del movimiento. El DI es una gran familia y aglutina a personajes con perspectivas no en todo coincidentes. Denton ha proclamado siempre a la ciencia como camino central en la búsqueda del conocimiento y esta búsqueda ha estado presidida por su fascinación por el mundo natural y su profunda curiosidad en torno a la Naturaleza y la biología. No es hombre de convicciones religiosas específicas, por el contrario siempre se ha sentido incómodo en relación a la idea de creación especial referida a la emergencia de la vida y el desarrollo de las formas vivas.

Por todo ello, se siente vinculado profundamente a alguna forma de solución naturalista como explicación esencial de la emergencia de dicho orden inteligente.

El estudio de la biología le llevó al convencimiento de que el modelo adaptativo y gradualista de Darwin era incapaz de explicar los misterios de la vida. A menudo, procesos críticos de la biología presentan rasgos esenciales cuya naturaleza y características carecen por completo de una justificación adaptativa; son por el contrario soluciones arbitrarias, contingentes, que presentan, eso sí, la huella de un orden complejísimo aparentemente intencional. El proceso adaptativo no podía ser, concluyó Denton, la explicación última de la evolución de las formas vivas, y por supuesto, no podía dar justificación alguna al problema crucial del origen mismo de la vida en un mundo inanimado; otros factores de causalidad se hacían imprescindibles.

Denton señala en la mencionada entrevista cómo vamos descubriendo día a día nuevas capas de complejidad en los mecanismos de la vida. La complejidad de la célula es extraordinaria y los mecanismos de regulación de su actividad son esencialmente holísticos, es decir orientados a la finalidad de un todo, los procesos influencian a otros procesos y estos a su vez inciden en el resto de la actividad celular, lo que nos sitúa ante una organización sistémica que exige un diseño intencional. El ejemplo más sobresaliente quizás, nos indica, sería la infinita complejidad del desarrollo cerebral donde millones de neuronas encuentran su camino en una matriz celular y química permanentemente cambiante.

Denton ha reconocido la huella profunda que le produjo la lectura de las obras de Lawrence Henderson "The Fitness of the Environment" (1913) y "The Order of Nature" (1917).

Henderson defendió con entusiasmo la existencia de condiciones especialmente apropiadas en la Naturaleza para la emergencia de la vida y fue precursor destacado de los argumentos actuales del "ajuste fino" del Universo, otra de las manifestaciones de la huella de una causa inteligente en el cosmos según los autores del movimiento del DI. El impacto que produjo en Denton la lectura del "Fitness" de Henderson fue enorme, en sus propias palabras una auténtica epifanía, y su efecto principal fue el de afianzarle fuertemente en sus convicciones en torno a un modelo determinista en el que la emergencia de la vida y su evolución quedarían explicados como la consecuencia de la existencia de determinadas leyes naturales susceptibles de guiar los procesos naturales de manera teleológica hacia patrones o modelos imbuidos en la propia esencia de la Naturaleza.

Básicamente, el modelo propuesto por Denton se corresponde con la propuesta definida en una expresión inglesa de la que no contamos todavía con una traducción adecuada que haya hecho fortuna en la literatura del género en español: "front-loading". Esta expresión viene a significar que todo el diseño y la teleología observables en los objetos naturales habrían sido "descargados" en la Naturaleza de un solo golpe, en un primigenio acto creador por una causa inteligente, o simplemente se habría ido desarrollando en el tiempo a partir de una situación inicial indefinida. Los procesos naturales desarrollados en el tiempo habrían servido para actualizar el potencial y las capacidades encriptados de alguna forma en un estado inicial de la realidad material.

El modelo de Denton y el front-loading en sus distintas expresiones según los autores encierra algunas similitudes y diferencias en relación tanto a las formulaciones más ortodoxas del DI como a las propuestas del Evolucionismo Teísta que acabamos de analizar. Con relación a este último presenta la similitud de ofrecer un recuento naturalista de la historia de la vida, así como la identificación del orden natural observable como un orden inteligente y una propuesta de carácter inequívocamente teleológico. Se diferencia sin embargo en la íntima conexión de causalidad que subyace a los procesos naturales. Los partidarios del ET se aferran al modelo darwinista tradicional y aceptan el carácter fortuito y no guiado de las mutaciones que generarían las novedades evolutivas, a las que sin embargo atribuyen en último extremo una causación remota por parte de un Dios creador. En cambio, el modelo de Denton propone un carácter estrictamente determinista para los eventos evolutivos incluido, y esto supone sin duda una apuesta arriesgada, la emergencia de la vida a partir de la materia inanimada. "Leyes naturales" todavía desconocidas para nosotros habrían guiado los eventos en la historia de la vida para hacer aflorar el potencial de complejidad y diversidad contenido en los estados iniciales del mundo físico.

Por su parte el modelo presenta una diferencia sustancial en relación a las propuestas más habituales de los autores principales del movimiento del DI. Para éstos, la inferencia de diseño (y por tanto de la intervención en el orden natural de un diseñador inteligente) descansa, no sólo en la apariencia de orden y diseño propia de los objetos naturales o sospechada en la teleología inmanente de los procesos, sino en el carácter saltacional presumible de los mismos, en la complejidad irreducible de muchas formas biológicas y como consecuencia, en la incapacidad de los procesos naturales para generar los eventos que han ido jalonando la historia del desarrollo de las formas vivas en nuestro planeta y de forma especial la aparición inexplicada de la vida. Se trataría por lo tanto de una propuesta que invoca abiertamente una causación intencional e inteligente, una mente rectora de los acontecimientos, una responsabilidad explícita de un creador que gobierna los acontecimientos de acuerdo a un plan preestablecido más allá de la explicación naturalista de los eventos según "leyes" desconocidas e imaginadas únicamente como recurso autoimpuesto.

Es importante notar que las posiciones del ET son necesariamente esclavas del modelo reduccionista y mecanicista del darwinismo y que por tanto vienen obligadas a asumir un modelo de causación ascendente ("bottom-up") heredado de la filosofía nominalista imperante. Por el contrario, el DI es especialmente afín a la filosofía esencialista y al tipo de causación descendente ("top-down") que congenia con una visión sistémica y holística de los organismos vivientes. Por su parte, resulta difícil encajar las propuestas del front-loading en esta dicotomía. Si bien Denton, como veremos a continuación a puesta decididamente por una concepción esencialista de la Naturaleza no es evidente que la misma pueda conciliarse perfectamente con un modelo estrictamente naturalista en términos de causalidad eficiente.

Denton asumió las ideas inspiradas por Henderson y actualizó las mismas al nivel del conocimiento científico actual en su segundo libro, "Nature´s Destiny: How the Laws of Biology Reveal Purpose in the Universe". El título no podía ser más explícito. En él Denton desarrolla su convicción de que el destino de la ciencia no es otro que dar cuenta del orden racional inherente al cosmos y desvelar la existencia de un diseño inteligente en el mismo a medida que nuestro conocimiento de la realidad nos enfrenta a las exigencias, cada vez más ajustadas, para hacer posible en el mundo físico la vida tal como la conocemos. Hay que añadir además que para Denton estas condiciones tan ajustadas deben medirse en relación no a cualquier forma de vida sino en particular a la aparición de los animales superiores cuya dependencia específica de un entorno rico en oxígeno es especialmente exigente.

Denton no oculta su perspectiva especialmente antropocéntrica. El ser humano da pleno sentido a las condiciones de habitabilidad en nuestro planeta, es el protagonista indiscutible de la historia de la vida y todo el equilibrio del organismo Gaia entendido desde una perspectiva holística se justifica en la aparición del ser humano en el planeta. Por ello, no tiene reparos en destacar la visión de los autores de la escolástica medieval en torno al Universo y el papel central del hombre en el mismo como eje y protagonista principal, una cosmovisión que ha sido controvertida en los últimos siglos pero que, según Denton, quedará restaurada precisamente por impulso del avance científico.

Lo que Denton encontró en la obra de Henderson fue la convicción de la existencia en la Naturaleza de lo que ha denominado diseño biocéntrico, y por ello un marco diferente para pensar un Universo en el que todo está orientado para la emergencia de la vida, y en el que presumiblemente deben de haber muchos más elementos aún desconocidos como fuente de causalidad para explicar dicha emergencia. Así, la evolución cósmica y la evolución biológica serían manifestaciones diversas de un único proceso global de carácter biocéntrico en el que todas las facetas de la realidad estarían enlazadas, tanto los fenómenos puramente materiales como la inteligencia, la mente, el sentido racional de los procesos y el hombre en definitiva como protagonista principal de un cosmos indudablemente teleológico.

Pero hacía falta algo más que una expresión afortunada (biocentrismo) para justificar la existencia de un mundo vivo tan exquisitamente organizado. Denton comprendía que los organismos vivos requerían una teoría de la forma y que el darwinismo era una propuesta incapaz de proporcionarla. A esa misma conclusión habían llegado también otros autores desde el propio campo materialista, como es el caso del filósofo norteamericano Jerry Fodor autor del libro "What Darwin Got Wrong" (2010) o el científico del New York Medical College Stuart Newman. Este último, merced a su prolífica actividad académica y de investigación y su reconocimiento internacional protagonizó en parte la pequeña "rebelión" de un grupo de especialistas contra el carácter atenazador y limitativo del paradigma neo-darwinista de la Síntesis Moderna, concretada en el libro editado en 2010 por Massimo Pigliucci "Evolution-the Extended synthesis", y en el que Newman contribuye con su trabajo "Dynamic Patterning Modules" (DPM). Newman destaca en particular por sus trabajos en biología del desarrollo y su propuesta de explicación de la formación de novedades morfológicas a partir de determinados mecanismos biológicos identificados como formadores de patrones, que se pueden encontrar en diferentes organismos, los DPM.

Denton reconoce también la importancia de la existencia de patrones repetitivos que constituyen un soporte constructivo similar en muchos organismos biológicos y entiende que se hace preciso recurrir a conceptos más profundos para justificar la existencia de arquetipos en la Naturaleza, tales como los planes corporales de muchas especies, o determinados rasgos compartidos como la pentadactilia. Denton recurre a dos conceptos que merecen nuestra consideración atenta; uno el concepto de auto-organización, otro el concepto aristotélico de las formas sustanciales. Así, entiende este autor que el diseño observable en la Naturaleza tiene su origen en elementos formales inherentes al orden natural y que han ido desarrollándose por procesos de auto-organización sujetos a "leyes naturales" todavía por descubrir. La información necesaria para hacer posible estos procesos estaría de alguna forma presente en la Naturaleza desde un inicio sin definir (front-loading) y eximiría a cualquier ente trascendente, si lo hubiera, de intervenir en los procesos para justificar los resultados observables. En palabras del propio Denton:

"Dicho de otro modo, si el Universo está ajustado de manera única para la vida y su emergencia, entonces es que existen leyes naturales, principios de organización que van, por ejemplo, a hacer surgir la vida de la química. Y si existen tales leyes y han jugado un papel en el origen y la evolución de la vida, entonces nunca se podrá explicar esto último en términos darwinistas. El darwinismo trata de pequeños cambios adaptativos que se producen paso a paso. No deriva la vida de una ley sino del azar. Pero si la vida es producto de una ley y está impresa en la propia Naturaleza, entonces su actualización no puede ser fruto del azar."

Para Denton, el exquisito ajuste de las constantes físicas del Universo para facilitar la emergencia de la vida en nuestro planeta exige conceder la existencia de una mente inteligente responsable del proceso, y nos obliga a aceptar que la vida es un dato intrínsecamente inherente al cosmos que nos alberga. De ahí concluye que las formas vivas no pueden ser producto del azar y que forman parte del proyecto desde el inicio, lo que le lleva a asumir una concepción esencialista de la Naturaleza. No se trata de aceptar un idealismo platónico de las formas como realidades subsistentes en un reducto inexpugnable de la realidad, pero sí de asumir que un realismo moderado al estilo de Aristóteles otorgando un cierto estatus ontológico a los arquetipos que conocemos se hace imprescindible para dotar de sentido a la realidad física. Los organismos vivos, nos dice, son así, al menos hasta cierto punto, y en relación a ciertos aspectos de su diseño, formas naturales.

El reconocimiento de los arquetipos como sustrato causal de los organismos vivos, colisiona frontalmente, tal como Ernst Mayr reconociera y he señalado ya anteriormente, con el modelo darwinista. Para Denton, este esencialismo heredado de nuestros filósofos de la antigüedad no debe de confundirse con el fijismo propio de los creacionismos literalistas de algunas confesiones. Si bien es evidente que la inmensa variedad de formas vivas conocidas debe ajustarse necesariamente a un límite finito, la idea de que las especies como concepto biológico queden impedidas de manifestaciones diversas y un cierto ámbito de variabilidad no es una conclusión necesaria. Por eso Denton prefiere hablar de la estabilidad de los planes corporales y los patrones constructivos más generales (los "tipos") y no de las especies entendidas como poblaciones susceptibles de intercambio genético.

Denton propone que, de la misma forma que las leyes físicas conocidas prescriben un número finito de formas ordenadas, como por ejemplo los cristales, que responden a patrones fijos no susceptibles de variación, igualmente los patrones de los seres vivos obedecerían al imperio de ciertas leyes biológicas aún por descubrir que determinarían ciertos procesos naturales y procesos de organización de los vivientes que se concretarían en las formas orgánicas conocidas. Al igual que los cristales no pueden transformarse en cristales diferentes de lo que son, tampoco los tipos biológicos pueden generar formas vivas diferentes de sí mismos, tal es el rasgo definitorio de las teorías esencialistas.

Las Objeciones al modelo de Front-Loading

Con independencia de los méritos que queramos atribuir al planteamiento desarrollado por Denton es imprescindible apuntar que son muchas las objeciones que se le han presentado, básicamente por parte de diferentes miembros de la comunidad del DI. Dichas objeciones pretenden poner de manifiesto la insuficiente capacidad explicativa de la propuesta, carente de una base sólida empíricamente contrastable que justifique la existencia real de imaginarias "leyes naturales" nunca verificadas así como la insuficiente consistencia del modelo filosófico al que pretende acogerse en sus planteamientos.

Algunas reticencias proceden de los especialistas en ciencias de la información. Según éstos la posibilidad de que un elemento natural pudiera contener toda la información relevante para explicar el desarrollo de las formas vivas en nuestro planeta contradice los principios básicos de las teorías de la información. La idea de front-loading parece tener su origen en una perspectiva determinista al estilo de Laplace y basada en un Universo contemplado en términos mecanicistas de acuerdo con la física de Newton. Es decir, un estado de condiciones iniciales sujetas al imperio de las leyes físicas en el que los movimientos sucesivos y los resultados finales pudieran ser todos previstos con exactitud. Algunos han planteado el símil de una jugada de billar en la que eligiendo adecuadamente el estado inicial de la posición de las bolas en la mesa, podemos conseguir de un solo golpe el efecto deseado enviando todas ellas a sus destinos prefijados.

Sin embargo, el conocimiento más actual de la física nos previene contra la plausibilidad de este tipo de planteamientos ya que tanto la mecánica cuántica como las teorías del caos nos anuncian que la posibilidad de controlar a largo plazo los efectos pretendidos escapa a nuestra capacidad de previsión. Ninguna previsión de exactitud milimétrica, por exhaustiva que parezca, puede controlar los efectos en el largo plazo ya que la naturaleza exponencial de la precisión requerida para predeterminar el resultado en un futuro lejano excedería siempre de la capacidad de almacenamiento de información del medio involucrado en el proceso. Los procesos que demuestran acreción de complejidad exigirán en todo caso fuentes adicionales de información. La existencia de constricciones u obstáculos direccionales al proceso activado no explican suficientemente el resultado, y mucho menos la naturaleza de la causa en el origen.

Un proceso estrictamente determinista no se compadece con los mecanismos de la vida transidos de eventos de retroalimentación y respuestas adaptativas a entornos cambiantes. Tampoco con la emergencia de la consciencia y el libre albedrío. Por último, la ausencia de fuentes de información adicional en el proceso terminaría indefectiblemente por alumbrar un proceso de entropía genética, tal como lo explica en su excelente libro de 2005 "Genetic Entropy & The Mystery of the Genome" el profesor de Cornell University John C. Sandorf.

Otro tipo de objeciones al modelo presentado por Denton se refieren a su inclusión en el mismo de un esencialismo oportunista que pretende revestir de solemnidad una explicación insuficiente de la realidad según un discurso naturalista carente de dimensión trascendente alguna. Denton nos ofrece su propia versión del concepto aristotélico de "forma" en la entrevista de referencia, y lo define como una "entidad activa con poder creativo impresa ("built in") en la Naturaleza". Nada más extraño a la metafísica hilemorfista del filósofo de Estagira. Para Aristóteles la forma es sin duda un principio causal de la cosa o el objeto natural, pero las formas no existen de manera aislada independientes de la materia a la que dan actualidad y por tanto al margen del objeto mismo, si no es en la mente del observador. La forma por tanto no es un ente con capacidad agente que provoca la existencia del objeto, sino meramente una perspectiva o una condición de causalidad que concurre en el acto generativo cualquiera que sea la naturaleza de éste.

Aristóteles no se veía en la necesidad de ofrecer una solución para el problema de la emergencia de las formas biológicas porque para él el Universo era una realidad estática, eterna, sin un principio en el tiempo que requiriese una justificación de la existencia de las cosas tal como las conocemos. La necesidad de explicar el origen de las formas biológicas en el tiempo nace de la concepción de un Universo en expansión y en evolución cósmica en el que, a partir de un inicio en el tiempo, se han ido progresivamente gestando las condiciones favorables a la vida en nuestro planeta. Aristóteles no puede por tanto ser invocado para justificar un proceso naturalista de evolución. Santo Tomás por su parte, compelido por motivos más teológicos que científicos (aunque acertadamente, con toda probabilidad) a defender la idea de un mundo originado en el tiempo y finito apunta a las causas formales como existencialmente inertes y por tanto exigiendo una causa concurrente para su emergencia. Como es sabido, en el marco esencialista heredado principalmente de Aristóteles Santo Tomás concibe los arquetipos como ideas concebidas por la mente creadora de Dios.

No es extraño que muchos estudiosos hayan reparado en la existencia de patrones repetitivos en los organismos vivientes en la Naturaleza, más allá de los llamativos fenómenos de "evolución convergente" a los que ya nos hemos referido. Mientras que algunos achacan su existencia a algún tipo de ley o constricción natural, para otros simplemente representan una prueba más de la acción creadora de una mente racional. Tal es el caso de Paley y así lo señala en su obra "Natural Theology". Para Paley, un rasgo distintivo de la creación inteligente es precisamente la capacidad de hacer servir similares soluciones técnicas o de ingeniería en diferentes modelos o artefactos, orientados incluso a funciones muy diversas. Se trata de un rasgo de la acción creadora que encontramos a menudo en las producciones inteligentes de los seres humanos y en los diferentes artilugios ideados para explotar nuestro entorno al servicio de nuestras necesidades. Según Paley, las soluciones constructivas biológicas que encontramos repetidamente presentes en especies diversas responden al patrón de ideación inteligente propio de una mente racional. Se trata por tanto de un rasgo más de diseño observable en la Naturaleza y que podemos percibir y detectar con prontitud de acuerdo con las categorías de nuestra propia inteligencia.

La invocación de "leyes naturales" para explicar el diseño evidente de las formas vivas ha sido una constante en la historia del pensamiento humano, especialmente entre quienes han querido evitar la necesidad a recurrir a explicaciones sobrenaturales para el origen y la evolución de la vida en el tiempo. Recordemos cómo también el Nobel de Física Erwin Schrödinger en su célebre libro "What is Life?" recurría a tal expediente explicativo al reconocer que el carácter agente de los seres vivos no podía ser justificado sobre la base de las propiedades físico-químicas de las sustancias de las que estaban compuestas. Los seres vivos, nos decía, se diferencian básicamente de los objetos inanimados porque "hacen cosas" y este hacer cosas exigía, en su opinión, una invocación a leyes biológicas todavía por descubrir. Setenta años después seguimos buscando.

Y es que la propuesta de la existencia de leyes naturales que determinen la historia de la vida resulta enormemente problemática. La literatura científica en el siglo XIX, imbuida de un entusiasmo cientificista impulsado por la divulgación de las teoría de Darwin en torno al hecho evolutivo, nos hablaba de leyes orgánicas, como aquellas que rigen los procesos de la vida y su evolución, frente a leyes inorgánicas tales como la ley de la gravitación universal; se proponía incluso el concepto de ley para el proceso evolutivo en sí mismo considerado como una explicación naturalista completa del fenómeno. Sin embargo, la idea de ley como recurso rector para la justificación de la emergencia de las formas vivas o de sus partes es muy anterior al auge del darwinismo y ya Paley se había enfrentado al mismo con su acostumbrada exuberante retórica. Citamos un pasaje del capítulo 23 de su "Natural Theology":

*"Sin embargo, la fuerza del argumento (*de diseño*) se oculta a veces mediante la invocación de meros nombres. Ya hemos señalado, y debemos señalar aquí de nuevo lo incorrecto de la aplicación del término "ley" y el error concerniente al significado de tal término en física, cuando se invoca para remplazar la idea de fuerza o poder causal, y más todavía de una causa inteligente, y de este modo, se propone como causa de cualquier cosa o de cualquier propiedad de cualquier cosa existente. Eso es en definitiva lo que hacemos cuando hablamos de los cuerpos organizados –por ejemplo, plantas o animales- atribuyendo su producción, su forma, su crecimiento, sus cualidades, su belleza, su utilidad, a cualquier*

ley o leyes de la Naturaleza; y cuando nos contentamos con esta respuesta a nuestras indagaciones al respecto.
Digo una vez más que es una perversión del lenguaje referirse a una ley como la causa eficiente y operativa de nada. Una ley presupone un agente, por cuanto que no es otra cosa que el modo de acuerdo con el cuál un agente procede. Sin ese agente, sin esa fuerza causal, que son ambos distintos de ella, la "ley" no hace nada, no es nada."

Nos sitúa Paley con esta reflexión en el centro de un debate que no podemos eludir y que se refiere al verdadero estatus ontológico de la idea de ley natural. Desde los albores del pensamiento humano se reflexionaba en torno al concepto de causalidad y se concebía al respecto una distinción que ha perdurado hasta nosotros, la diferencia entre azar y necesidad. Se entiende que un evento se produce de manera necesaria cuando su ocurrencia resulta inevitable como consecuencia de las condiciones circunstanciales y la naturaleza propia de los objetos naturales implicados tal como los conocemos. Frente a la idea intuitivamente clara de necesidad, el concepto de azar resulta más esquivo. El azar no puede tener la categoría ontológica de causa si no que resulta de determinadas consideraciones en torno a la realidad. Así por ejemplo hablamos de azar cuando un evento no resultaba previsible ya que su ocurrencia implica una coincidencia extremadamente improbable de eventos, por mucho que cada uno de ellos obedeciera a una necesidad intrínseca considerado aisladamente. Los eventos naturales son en general independientes entre sí, tienen cada uno su propia historia causal y el hecho de que puedan entretejerse en el devenir y el movimiento del cosmos tiende a producir consecuencias que, al no ser previsibles nos sorprenden y las catalogamos como contingentes o fortuitas.

Así por ejemplo, los efectos que la lluvia caída sobre un campo de cultivo puede producir son muy diversos. La lluvia en sí misma es un efecto necesario de las condiciones atmosféricas, pero la bonanza de las cosechas, la germinación idónea del cultivo sembrado, o el cuajado oportuno y fértil de la flor para la producción de una cosecha rica en fruto, son efectos impredecibles con antelación y que resultan aleatorios y contingentes.

Pero la idea de azar puede tener una segunda acepción la cuál ha hecho fortuna en nuestro tiempo de la mano de la teoría darwinista sobre la evolución. Se considera que un evento ha ocurrido por azar en relación a un efecto dado cuando la producción de dicho efecto no está contenida de manera finalista en la causa que lo ha producido. O si se prefiere la definición ya clásica de Douglas Futuyma, decimos que "una mutación es fortuita en el sentido de que la probabilidad de que una mutación específica ocurra no está afectada por cuán provechosa dicha mutación resulte para el organismo". Así se dice que la evolución es un proceso fortuito porque las mutaciones experimentadas por los seres vivos en los procesos de reproducción, cualquiera que sea su causa eficiente, no están dirigidas a la producción de los efectos beneficiosos que las mismas son capaces de otorgar a los organismos que las experimentan. Contemplamos por lo tanto, azar, como idea que se opone a necesidad en base a la improbabilidad y no previsibilidad de un evento dado, y azar como concepto que se opone a la teleología inmanente a los procesos observables.

Pues bien, una vez establecido un marco conceptual de los distintos tipos de causas que podemos inferir para los eventos observables cabe analizar en qué modo podemos encajar en el modelo el concepto de ley natural. Sin duda, y con relación a la primera de las dos distinciones mencionadas, la idea de ley natural pertenece al ámbito de los eventos producidos por necesidad. Pero en qué manera se refieren a ellos es algo problemático. A raíz de la difusión y el predominio entre nuestros intelectuales de los modelos reduccionistas y mecanicistas propios de la modernidad, la idea de ley se ha propagado como un concepto asimilable a una fuerza con capacidad de causación tal como denuncia Paley en su comentario. Esta confusión viene impuesta de alguna manera por el desafortunado abandono de las ideas esencialistas propias de la filosofía tradicional y que poco a poco vienen reivindicando de nuevo de la mano de determinadas corrientes filosóficas contemporáneas un mayor protagonismo en el debate intelectual.

Así por lo tanto, a la luz de un esencialismo razonable, parece evidente que podemos limitarnos a atribuir al concepto de ley natural el estatus de una mera abstracción lógica que nos permite describir en términos matemáticos determinados comportamientos de los objetos naturales. Las leyes naturales describen las regularidades observables, no las producen. El descubrimiento de que los objetos naturales se comportan según patrones racionalmente descriptibles y reducibles a formulaciones matemáticas más o menos complejas supuso un impulso espectacular a la confianza del ser humano en su capacidad para comprender la Naturaleza. Sin embargo, nuestra capacidad para describirla no debe confundirse con nuestra capacidad para explicarla y justificar la razón última de ser de todo lo existente. En definitiva, podemos describir de forma extraordinariamente precisa los efectos gravitacionales que unos cuerpos producen sobre otros en cualquier punto del Universo, pero seguimos sin saber por qué ocurren.

La recuperación de una sensibilidad esencialista nos permite comprender que no hay motivos para creer que los objetos naturales sean meros cuerpos inertes sometidos al imperio de determinados entes con capacidad de causación a los que denominamos leyes. Las leyes no tienen entidad propia, no causan por sí mismas; las leyes son un mero constructo racional del observador humano que se acerca a intentar describir la realidad con las herramientas conceptuales de las que dispone. Por el contrario, parece más razonable y parsimonioso entender que los objetos naturales están dotados de capacidades y disposiciones en virtud de las cuáles se comportan de la manera que podemos observar y describir. Está por tanto en la esencia de los objetos naturales manifestarse de acuerdo con ciertas regularidades que hemos sido capaces de captar y describir y a las que hemos otorgado el pomposo nombre de "leyes".

Las leyes son por tanto descripciones de eventos que nacen precisamente de la regularidad repetitiva de dichos eventos y de la inferencia del previsible comportamiento de los objetos naturales como extrapolación de su comportamiento pasado. Una ley natural es un concepto que no nace de la mera observación de un efecto singular de una determinada categoría sino del carácter insistentemente reiterativo de todos ellos. Es por eso que la invocación del concepto de ley natural para despachar la necesidad de explicar en términos de causalidad los procesos de la vida resulta especialmente inadecuada. La vida es un evento singular que no tiene explicación a partir de las propiedades físico-químicas de la materia inanimada tal como las conocemos. La vida tiene una historia salpicada de eventos irrepetibles, de generación de sistemas complejos, de aparición de estructuras novedosas y de la emergencia de significados y valores que no encontramos en el mundo físico. Por eso pretender explicar la historia de la vida como el resultado de leyes naturales resulta inadecuado dada la riqueza inverosímil de manifestaciones de la vida, su imprevisible devenir y el carácter no repetitivo y mecánico sino dinámico y finalista de estos "seres organizados".

La idea de que los seres orgánicos se comportan y evolucionan según leyes naturales pendientes de ser descubiertas carece por completo de rigor científico. Las leyes no son otra cosa que la descripción algorítmica de eventos observables y medibles; la vida no se ajusta a algoritmos repetitivos y previsibles y por tanto, la invocación de fuerzas o leyes como última explicación causal resulta totalmente inadecuada. Las leyes naturales son constructos mentales indiferenciables de los propios eventos que pretenden explicar. Sin embargo, cuando nos referimos a los seres vivos los acontecimientos que jalonan la historia de la vida no son por sí mismos capaces de ser abstraídos o reducidos a leyes. La pretensión de que tales leyes orgánicas podrían ser descubiertas en un futuro no tiene sentido alguno. ¿Cómo habrían de serlo? ¿en base a qué tipos de eventos?. Se nos hace suponer que otro tipo de eventos futuros podrían hacernos ver la existencia de un determinismo en la Naturaleza al que la riquísima variedad de vivientes debería su existencia, no siendo sin embargo éstos suficientes por sí mismos para establecer tal tipo de relación o descubrir tal fuerza causal.

Con relación a la segunda distinción que hemos hecho entre azar y teleología, la idea de ley natural resulta confusa. Algunos invocan la existencia de leyes naturales con objeto precisamente de eludir la existencia de un gobierno intencional o personal de los procesos naturales. La ley, como ejemplo de comportamiento necesario, pretende limitar al ámbito de los eventos naturales todo el cúmulo de acontecimientos en la historia de la vida que nos han llevado hasta la situación actual. Otros, sin embargo, y ese es sin duda el caso de Denton, invocan las leyes naturales para explicar los sucesos que constituyen el objeto de la ciencia biológica, pero se reservan la opinión de que, presentando tales eventos características indudablemente finalistas, es necesario concluir que tales leyes, así como las condiciones iniciales a las que tales leyes se aplican, han de estar minuciosamente ajustadas para producir los resultados que conocemos. Del diseño evidente de los organismos vivientes se deduce por tanto una teleología en los procesos que requiere una explicación inteligente en el origen.

Pero afirmaciones de esta cariz añaden poca consistencia al modelo. Los procesos naturales sujetos a leyes no quedan explicados de manera suficiente, no contamos con una descripción de mecanismos y causas eficientes que permitan establecer relaciones causales satisfactorias entre las propiedades conocidas de los entes materiales y los resultados sorprendentes en términos de complejidad organizativa que observamos en los vivientes. Pero hay una reflexión adicional que se impone. Si los eventos evolutivos fuesen el resultado de leyes naturales, entonces no hay ninguna razón por la que eventos de esa misma naturaleza no puedan ser observados en la actualidad. Si las condiciones iniciales sometidas al determinismo que les imponen unas hipotéticas leyes orgánicas naturales, hubiesen producido los resultados conocidos en el mundo de los seres vivos, sería de esperar que, dado el imperio permanente de dichas leyes, efectos similares se repitiesen continuamente a lo largo del tiempo. Deberíamos poder ver de nuevo la emergencia de la vida a partir de la evolución química de la materia inanimada, o la generación de células complejas a partir de procariotas, o la emergencia de organismos pluricelulares a partir de seres unicelulares, y así podríamos seguir enumerando la cantidad enorme de eventos evolutivos que carecen por completo de explicación a la luz de los conocimientos que la ciencia pone hoy día a nuestra disposición y que desafían, no solamente el paradigma darwinista, sino cualquier intento de justificar la historia de la vida según criterios estrictamente naturalistas. Nada de ello queda sin embargo al alcance de nuestra observación.

Denton se abona de manera poco justificada al etéreo concepto de auto-organización para completar los recursos de causación de su modelo junto a la mencionada invocación de leyes naturales. Pero si el concepto de leyes naturales en este contexto resulta de escasa utilidad, menos convicción todavía aporta el concepto de auto-organización, un concepto que ha sido utilizado por el biólogo materialista norteamericano Stuart Kauffman para evocar precisamente el poder creativo de la Naturaleza mostrando así cómo cualquier invocación de un ente personal inteligente resulta superflua y perfectamente prescindible. La auto-organización es, como diría Paley si estuviera entre nosotros, un nuevo abuso gramatical, una mera explotación de recursos semánticos al servicio de una vaciedad sin contenido. Organizar es un verbo transitivo, hace falta un sujeto organizador y un objeto que sea organizado. Nadie es causa de sí mismo, nada es efecto y causa al mismo tiempo y desde un mismo punto de vista. La Naturaleza no es un ente al que pueda atribuirse capacidad agente, es una mera abstracción racional de la realidad física en la que nos movemos. Los seres organizados son seres individuales y concretos y ninguno de ellos es responsable de su propia existencia, todos han heredado el principio de organización que los caracteriza de sus progenitores biológicos.

En definitiva, cabe sentenciar que los modelos del tipo front-loading adolecen de una imperfecta comprensión del problema de la forma biológica y de la información que la prescribe. La forma biológica no es la mera expresión de un algoritmo biológico que puede ser encriptado en una secuencia digital, como se ha pensado durante mucho tiempo atribuyendo a las moléculas de ADN un significado y un protagonismo que no les corresponde. La causa formal de los seres vivos implica no solamente la secuencia digital del ADN que contiene recursos constructivos para el organismo sino fundamentalmente todos los mecanismos de regulación de las expresiones genéticas, incluidos los mecanismos epigenéticos de metilación que actúan como interruptores para la expresión génica. Pero hay más, también es preciso explicar el impulso activo que caracteriza la dinámica de los vivientes y el sentido direccional de tal dinámica orientado a una finalidad evidente de supervivencia y reproducción. Es necesario explicar igualmente la naturaleza y el origen de las facultades mentales, los instintos en los animales inferiores y el libre albedrío y la racionalidad propias del ser humano.

Limitar las explicaciones de todo esto a la existencia de procesos naturales sujetos a leyes orgánicas desconocidas y al mandato de algo tan vacuo como la auto-organización de los sistemas biológicos no nos lleva, todo hay que decirlo, demasiado lejos. Decir que lo que determina las formas biológicas son leyes naturales ignotas como contundentemente propone Denton en la entrevista mencionada sin atender a todos los aspectos de la realidad formal que exigen ser explicados resulta muy poco convincente. Apelar a un orden inteligente sin especificar la existencia de un agente inteligente y su relación específica con el mencionado orden resulta insuficiente. Denton se ha sentido siempre más cómodo con su apelación a una teleología inmanente en los entes naturales que con la búsqueda de explicaciones trascendentes a dicha teleología natural y su adscripción confesa, no lo olvidemos, al paradigma del Diseño Inteligente, se confina en un territorio ambiguo en el que la figura de un agente entrometido en los procesos de la vida resulta cuando menos inoportuna.

Y es que en definitiva las soluciones abstractas y excesivamente teorizantes no nos disculpan de tener que responder, por ejemplo, a desafíos como el de los genes específicos de cada especie y sus correspondientes proteínas que carecen de homólogos en especies cercanas capaces de justificar la existencia de un antecesor común. Las secuencias genéticas especialmente diferentes suponen un reto mayúsculo, ya que las alineaciones arbitrarias de bases nitrogenadas en las moléculas de ADN no se deben a características físico-químicas que determinen su ubicación. Resulta totalmente anti-científico invocar para justificar su composición el determinismo no verificable ni susceptible de experimentación de leyes desconocidas cuyos efectos no son perceptibles ni predecibles. Nada hay por tanto que permita diferenciar los hechos o eventos observables con objeto de achacarlos a una causa de esta naturaleza en vez de referirlos al puro azar. La invocación de un orden inteligente tiene sentido cuando identificamos determinados patrones de orden o de organización como la huella de la intervención (cualquiera que sea su naturaleza) de un agente inteligente. Remitir su explicación a leyes naturales desconocidas no es un paso lógico necesario y si se hace, la invocación de que tales hipotéticas leyes naturales exigen una explicación inteligente resulta problemática.

Capítulo V

TEORÍA DEL DISEÑO INTELIGENTE (TDI) Y LAS CRÍTICAS DEL MECANICISMO

La TDI y Mecanicismo sin teleología.

Algunos autores critican el *mecanicismo* caracterizado por concebir la totalidad funcional de un objeto natural como producto de la suma de las funciones de sus partes componentes, y éstas se reducen a mera cantidad y, así, a simples abstracciones matemáticas. El Cardenal Schönborn (1), por ejemplo, pregunta retóricamente, acerca de la concepción mecanicista de la totalidad de las cosas: "¿Es una totalidad natural estable---sea átomo, o molécula, o bioquímica, o célula, o planta, o animal----verdaderamente *nada más que* una combinación arbitraria de partes "indiferentes"? En otras palabras, ¿no es realmente una *totalidad,* sino una etiqueta que ponemos a una interacción relativamente estable de partes?" Esta pregunta apunta al corazón del mecanicismo de la concepción cartesiana de la naturaleza, y de sus herederos, como constituida de corpúsculos o segmentos materiales en movimiento, y choques continuos que modelan el conjunto; con carencia de causa formal y de causa final --**sin teleología**--, que expliquen la emergencia de una organización funcional (seres orgánicos). Nos encontramos de esta manera, con una proposición de totalidad que es mero resultado 'mecánico' de sus partes, que de acuerdo a Descartes, es matemáticamente cuantificable. De modo que esta caracterización de lo *'mecánico'* hecha por el Cardenal Schönborn, es adecuada y plenamente válida para el mecanicismo cartesiano, y también lo es para el mecanicismo de la ciencia moderna refinado por Newton, y que continua en ciencia hasta nuestro tiempo, aunque con variaciones y algunos aditivos (ahora se cuentan las cuatro fuerzas fundamentales de la materia).

El Cardenal señala también en la introducción al libro de Gilson (*From Aristotle to Darwin and Back Again)*, que el mecanicismo es la "forma dominante de reduccionismo en ciencia", en el sentido que la ciencia – de espíritu mecánico--, se ha constituido en la mejor, si no la única forma de conocimiento certero; *en cientifismo.* (1) En el comentario que J. Richards (2. 3) hace con respecto a las preguntas del Cardenal Schönborn que desvelan las insuficiencia del mecanicismo, menciona que los organismos vivos no pueden ser 'reducidos' a una visión mecanicista, lo que es muy razonable, pero ese es precisamente el punto de las preguntas retóricas del Cardenal. Tanto Schönborn como Gilson aceptan que las descripciones mecanicistas en ciencia tienen utilidad práctica, pero no son adecuadas para la comprensión de la rica complejidad observada en la naturaleza. Para captar y comprender la teleología y diseño en el mundo, el Cardenal Schönborn, y muchos intelectuales de la Iglesia Católica, sostienen que solo es posible con el uso de la razón en una esfera más amplia que la ciencia mecanicista, en otras palabras con el ejercicio de la filosofía natural; el Cardenal escribe: "por la luz de la razón el intelecto humano puede rápidamente discernir propósito y diseño en la naturaleza." (*Finding Design in Nature*). (4:Fw: ix-x) Esta afirmación es muy atendible, pero cae dentro de una racionalidad diferente a la de la ciencia, apunta a una filosofía de la naturaleza que no toca, ni cambia la concepción científica mecanicista; además, estos autores no ofrecen, aunque sea tentativamente, un método alternativo para explorar la realidad científicamente.

Naturalmente para el neotomismo, la revolución científica del siglo XVII con el advenimiento del *mecanicismo*, implica un lamentable reduccionismo en la filosofía y en la ciencia de la naturaleza. Y sin duda la crítica del Cardenal Schönborn es correcta, la ciencia nacida en siglo XVII es reduccionista, observa los fenómenos y abstrae ciertas características que son susceptibles de medición; deja de lado propiedades secundarias, valores estéticos y morales que esos objetos pudieran poseer. La ciencia es constitutivamente reduccionista de la realidad, pero, a pesar de esta parcialidad del saber científico, no se puede dejar de reconocer que la ciencia moderna ha revolucionado nuestra civilización con su metodología y el creciente cuerpo de conocimientos y técnicas aportadas. La ciencia constituye un saber, limitado, pero fuertemente constituido.

De modo que tenemos una visión reduccionista de la realidad constitutiva de la ciencia, y además se ha sometido a la normativa dogmática del naturalismo metodológico que oprime el desenvolvimiento de las ciencias del origen o históricas. En estas condiciones, adoptar la ideología del *cientifismo* resulta una franca torpeza intelectual. Esta situación de la ciencia nos conduce a reconocer que la filosofía constituye un lícito intento del ser humano, en entender el mundo en que nos encontramos; filosofía y ciencia no son disciplinas antagónicas, sino complementarias, si realizadas con prudencia y conciencia de los supuestos y limitaciones envueltas. Es fácil apreciar que los comentarios del Cardenal Schönborn son perfectamente pertinentes. El mundo de la vida humana comprende una gran variedad de dominios en los que la ciencia es solo uno de ellos; su integración coherente resulta perentoria.

No es de extrañar entonces que autores neotomistas critiquen como reduccionista el mecanicismo que reina en la ciencia. Pero extender la crítica de mecanicismo a la TDI, en consideración a que se injerta en procesos bioquímicos manejados en forma mecanicista, simplemente no es adecuado, puesto que precisamente esta Tesis incorpora en la ciencia --particularmente en biología--, la presencia de estructuras organizadas de manera inteligente, con sentido, fin, con teleología; lo que el mecanicismo simplemente no puede hacer. En otras palabras, ***con la TDI se reconoce diseño y finalidad en la naturaleza***, aunque sea parcial, en medio de muchas otras operaciones que se manejan de acuerdo a las leyes naturales conocidas. Esto no significa que la TDI se oponga a una concepción filosófica que sostenga que toda la naturaleza sea diseñada, con la que puede ser perfectamente compatible; pero la TDI permanece en el terreno de la ciencia. Los comentarios del Cardenal Schönborn son adecuados, pero fallan en no reconocer la importancia epistemológica y científica del aporte de la TDI.

Diseño inteligente y diseño mecánico

Algunos autores neotomistas has criticado la TDI caracterizándola como mecánica, en sentido de que las estructuras complejas especificadas son un ensamblaje de partes, como lo es una máquina, como el mentado reloj de Paley. Richards (2) señala correctamente que una *máquina* es claramente más que la suma de sus partes, esto es, no se trata de un mecanicismo característico de la ciencia moderna, partes en movimiento, con fuerzas que empujan y tiran, sin ningún principio organizador. Basta pensar, por ejemplo, en un automóvil o en una computadora para percatarse claramente que lo que caracteriza a una máquina es su función, esto es, su fin. La función de una máquina es el resultado de la *organización funcional de sus partes*; una máquina es producto de una acción inteligente: el ser humano; dicho abiertamente, una máquina --un reloj--, es un diseño. En otras palabras, el resultado final de una máquina no es la simple suma de las funciones de sus partes (que son también diseñadas por el hombre para poderlas ensamblar).

Estos artefactos manufacturados por el ser humano se consideran "mecánicos", por no ser seres naturales (creados), lo que significa, que no poseen una 'forma sustancial' ontológica, ni tampoco una teleología interna (causa final). Por decirlo en forma coloquial, las máquinas no tienen motor propio como lo presenta Aristóteles, son, como dicen algunos neotomista, 'inactivos', no son productos de una "e-volición". Los artefactos mecánicos son generados por un ser humano que les otorga "forma" externa, como una etiqueta, y poseen una teleología también externa para realizar una función, un fin específico decidido por el artesano humano. Para estos críticos inspirados en la metafísica neotomista, los artefactos no son creados por Dios, sino por los hombres, y tienen por tanto, características ontológicas diferentes; la diferencia fundamental, y, a simple vista, es que unos son seres vivos y los artefactos humanos no lo son; pero lo que sí tienen en común, es que ambos son diseñados por una inteligencia.

A las máquinas y artefactos en general, se les da el carácter de mecánico, por ser ensamblajes de partes que funcionan o tienen propiedades distintas e independientes, y son obviamente inanimados y artificiales. Dejando aparte el interesante punto de que los seres humanos son, a su manera, "creadores" de cosas funcionales, con 'forma' y 'teleología', en cierto modo análogas a la creación divina (excepto naturalmente dar el 'ser' y "vida"), hay que señalar que usar la metáfora de 'máquina' –el reloj, por ejemplo—, para señalar el posible mecanicismo de la TDI, confunde, más que ilumina. Lo único que tienen en común, la metáfora y la TDI, es que tanto el reloj como las estructuras complejas especificadas son diseñadas y teleológicas, son producto de una acción inteligente. Pero difieren radicalmente, porque las estructuras biológicas son "vivas" (totalmente naturales), y también difieren en lo que se refiere al agente inteligente responsable del diseño. En el reloj, el agente es definitivamente el hombre, pero en las estructuras complejas especificadas, especulando teológicamente –fuera del territorio de la TDI--, es Dios. Es importante tener presente que la TDI en biología se refiere a estructuras biológicas fundamentales para la vida del organismo, pero no pretende explicar la vida.

De manera que si se produce una acción mecanicista en la generación de estructuras complejas especificadas, habría que responsabilizar a Dios de su ensamblaje con elementos ya creados o, creados de *novo* para este propósito; en otras palabras, habría que visualizar a Dios como un mero artesano, aunque 'fabrique' 'artefactos vivos con teleología interna'. Creo que es importante recordar, una vez más, en este punto, que la TDI no especula teológicamente, se limita solo a señalar que estas estructuras complejas revelan una acción inteligente en su origen, y propone una hipótesis en este sentido. De modo que estas consideraciones ocurren en el terreno teológico, y constituyen, en rigor, un problema que se debe resolver a ese nivel. Sin embargo, repitiendo lo ya tratado en el capítulo anterior, conviene tener presente que lo mecánico, en cualquiera de las versiones que hemos tocado, ocurre en el plano de las cosas creadas, de los objetos naturales; en la creación divina, se da 'ser' a modo de 'forma sustancial' (forma y materia), en un proceso de constante creación. La conceptualización de Dios como artesano es, como ya señalado, difícil, por no decir, imposible de sostener, y deja básicamente a los especialistas el problema de entender teológicamente la propuesta de la TDI desarrollada desde el campo científico.

La TDI y las descripciones biológicas con la metáfora de "máquina"

En los organismos vivos a menudo se describen operaciones bioquímicas usando la metáfora de *"máquina"*, un modo de describir que también lo usan los proponentes de la TDI, lo que ha dado motivo para criticarla de mecanicismo (ya vimos que 'máquina' es una mala metáfora para caracterizar al mecanicismo). W. Dembski (5) intenta aclarar esta situación, particularmente para evitar que se considere a la TDI como propiciando una metafísica de tipo mecanicista. Este autor señala que al atribuir a la TDI una concepción mecanicista de la vida por usar la metáfora de máquina para describir algunas operaciones biológicas, es cometer la ***falacia de composición***; así, no porque una casa esté hecha de ladrillos, la casa es en sí un ladrillo. Del mismo modo, no porque se utilice la metáfora de máquina para describir ciertas estructuras y operaciones biológicas, significa que todo el organismo es una máquina.

Sin embargo si nos atenemos en forma rigurosa al pensamiento científico de carácter mecanicista, la descripción de un organismo termina reducida a ser una compleja combinación de elementos, esto es, una 'máquina' (no diseñada); y aunque posea una organización admirable, esto no es más que el resultado de las interacciones fisicoquímicas de sus componentes en el contexto del azar. Pero cuando los autores de la TDI utilizan la metáfora de máquina, para recalcar la integración de las partes, y la función de un complejo biológico, se trata de una 'máquina diseñada'; en modo alguno, casual, fortuita, como lo sería en la visión mecanicista. Aun más, cuando se consideran estas 'máquinas' bioquímicas, como componentes de una totalidad orgánica funcionando holísticamente, pierden la fuerza mecanicista de la explicación mecánica bioquímica local; son partes de una totalidad orquestada por un sistema de información global del organismo dependiente de los sistemas genéticos y epigenéticos de los organismos. Desde la perspectiva mecánica, una ameba no es más que un robot (no diseñado) en equilibrio con su medio, y todo mecánico y casual. En cambio para la TDI, la ameba es un organismo complejo "diseñado", y además, vivo, porque el soporte de la vida es el propósito de la teleología de las estructuras complejas especificadas.

En suma, en biología la explicación de la increíble sutileza y perfección de la organización de los seres vivos, es básicamente mecánica y casual. Es efectivo que en la biología actual se reconocen diferentes niveles de complejidad y función, pero estos niveles --aunque convenientes--, son en rigor, arbitrarios, no hay ningún principio organizativo (en ciencia) que los justifique. La teleología funcional observada en estas configuraciones orgánicas complejas y holísticas, es en buenas cuentas un producto de una organización, cuyo origen no se explica en biología, y que de acuerdo al mecanicismo, es accidental. Se trata entonces, de configuraciones biológicas con una teleología mecánico-organicista, una teleología básicamente sin sentido auténtico, un actuar casual y conveniente, porque actuar con verdadero sentido es actuar con finalidad y meta justificada. La TDI cambia este estado de cosas mecanicista al incorporar en biología la acción inteligente como un principio organizador de las estructuras fundamentales para la vida del organismo.

La TDI reconoce que el aparato genético y la información analógica epigenética, y las estructuras derivadas de sus funciones, son productos –directos o indirectos--, de una acción inteligente; son en su conjunto, configuraciones diseñadas inteligentemente para funcionar holísticamente y proveer el soporte indispensable para la vida del organismo. El uso de la expresión "máquinas moleculares" no es, entonces, más que una forma de explicar y manejar algunas estructuras biológicas funcionales, no una afirmación de mecanicismo biológico constitutivo.

Aunque con la TDI se incorpora en ciencia la 'información' en el seno de la naturaleza --principalmente en biología--, no se puede afirmar que la vida en su totalidad, quede abierta a ser comprendida y explicada por solo la ciencia. Sin duda la TDI supera el mecanicismo tradicional de la ciencia, amplía su mira, la enriquece y le da sentido, pero no suficientemente como para abandonar otras fuentes de conocimiento de la vida, como son la filosofía, y la religión.

Diseño Inteligente y neodarwinismo frente a un análisis causal aristotélico

El Profesor Santiago Collado (pSC) escribió un interesante artículo (*Evolutionism vs Intelligent Design: Aporia and Method* (2011) (6)), que he estimado oportuno revisar por su desarrollo filosófico y sus paradójicas conclusiones, que iluminan claramente la resistencia obstinada del neotomismo en aceptar la TDI; es de particular relieve su análisis de la situación bioquímica de la complejidad irreductible (CI) de M. Behe, un examen un tanto confuso y contradictorio, con el que pSC intenta fundamentar sus conclusiones. Como he dicho, se trata de un interesante artículo, en el que entran en contacto una metafísica particular, con las concepciones y metodología de la ciencia, específicamente la biología; los resultados de este encuentro son dignos de reflexión por sus implicaciones y complicaciones, puesto que son dos racionalidades distintas que se mezclan y generan confusiones de perspectivas, de conceptos, y de métodos. Es también importante tener presente que este trabajo fue publicado en el año 2011, y naturalmente no se tenían presente los detalles --teóricos y prácticos--, que se han conocido de estas teorías durante los últimos años.

El pSC comienza expresando su opinión, de que las dos posturas en el arduo debate sobre la evolución, la TDI y la Teoría Sintética de la Evolución o neodarwinismo (TE), apelan igualmente a la ciencia, no difieren fundamentalmente por sus creencias religiosas, ni científicas, sino más bien comparten un acercamiento metodológico cercano, con suposiciones falladas de tipo mecanicista, para luego diferir metodológicamente en las soluciones que ofrecen a los problemas irresolutos que enfrentan. En este trabajo el pSC utiliza una argumentación filosófica de corte aristotélico-tomista para analizar la situación de las ciencias, en particular la TDI y la TE.

El pSC considera que las dos nociones fundamentales de la TDI son la ***complejidad irreductible*** **(CI)** de M. Behe (7), y la ***complejidad especificada*** **(CE)** de W. Dembski. (8) Con estas dos nociones la TDI intenta legitimarse como científicamente basada, y comenta el profesor, que cuando la TDI trata de ser puramente científica, revela una aporía, un camino sin salida; esto es válido tanto para la CI, como también para la CE, aunque el autor se va a referir en este artículo, solo a la CI. Según el pSC, esta situación aporérica también afecta a las aproximaciones darwinistas extremas. (6:171)

Para sustentar estas afirmaciones acerca de los supuestos y limitaciones metodológicas de las disciplinas en el debate sobre la evolución, el pSC explica que es necesario establecer un marco teórico amplio que sirva de referencia global para toda **teoría científica de la realidad**. El autor comienza por señalar que toda disciplina que estudia la naturaleza elige un campo de la realidad, la fracciona para concentrarse solo en una parcialidad de ella. Luego, inicia un proceso cuidadoso y controlado de **análisis**, para posteriormente concluir en una **síntesis**, que naturalmente va a estar condicionada por las características del análisis realizado. El análisis de toda disciplina va a depender del método elegido para abordar su estudio, y todo método va necesariamente a considerar solo las variables que puede manejar. De modo que todo conocimiento que ofrece una disciplina científica, es una reducción de la realidad, de la realidad total que percibimos; una reducción que en las ciencias experimentales de la naturaleza, tiene el beneficio de ganar el control y el manejo del área estudiada.

La filosofía, específicamente la **metafísica tradicional** envuelta en el neotomismo, también tiene un proceso de análisis y de síntesis, pero su objeto, no es una parcela de la realidad, sino lo más profundo y básico de toda la realidad natural; esto es, **el ser en cuanto ser**, para lograr **la verdad en cuanto verdad**; el precio que se paga por esta globalización del conocimiento de la realidad es el perder el poder que se tiene sobre ella con la ciencia. En esta ambiciosa tarea de análisis de la realidad total, el pSC va a recurrir al **'análisis causal' aristotélico** –parte de la metafísica--, que estudia las causas de cambio (incluyendo el movimiento) de los objetos naturales, y que de acuerdo a Aristóteles y seguidores, nos da el conocimiento de la esencia del mundo físico. (Ver teoría de las causas en el capítulo sobre Neotomismo). Para el pSC este conocimiento global logrado por el análisis causal, va a proveer un amplio marco de referencia para comparar las teorías de las diversas disciplinas científicas, particularmente de la física; y además nos va a proporcionar el escenario teórico para entender adecuadamente el debate de la TDI con la TE.

Las causas son las responsables de todo movimiento (cambio) en la naturaleza, lo que significa que la configuración del mundo depende de ellas. La naturaleza está organizada con distintos *niveles de complejidad,* por lo que es posible hablar de un **'modelo de niveles ontológicos'**. Cada causa tiene un poder causal particular, propio de ella; sin embargo, las cuatro causas trabajan en forma integrada, de modo que en el ordenamiento del mundo, todas ellas tienen su participación. Pero la jerarquía ontológica, en lo que se refiere a sus niveles superiores, depende principalmente de la causa formal y de la causa final, particularmente de esta última. Gracias a la causa final es posible la causalidad top down observada en esos niveles; en los niveles inferiores se observa solo causalidad bottom-up. El pSC recalca que en ausencia de la causa final, se podrían tener algunos grados de complejidad, pero no se lograría una verdadera jerarquía ontológica con niveles de organización compleja y actividad causal top-down; en estos casos, el establecimiento de una jerarquía sería tal vez conveniente, pero arbitraria, no auténticamente ontológica. En una jerarquía ontológica el nivel inferior sirve de sustento del nivel superior, operaría como 'materia' del nivel más complejo que funciona con características diferentes (causalidad top-down). De esta característica de la jerarquía ontológica, se desprende la irreductibilidad del nivel superior al nivel inferior; en otras palabras el nivel superior no se puede explicar por un nivel inferior, hacerlo – aunque se acepte práctica y convenientemente un nivel más alto--, significa en rigor, saltarse una hendidura ontológica. El pSC habla de materialismo cuando se intenta explicar un nivel superior usando el mismo método que se aplica en un nivel inferior. De manera que es muy importante adecuar el método científico -epistemología-- que se utilice, al nivel ontológico que se va a estudiar; y esta no es una tarea sencilla, muchas veces requiere de un proceso prolongado de ensayo y error.

Creo que es importante señalar desde ya, que el pSC minimiza la causa formal y la causa final en lo que él llama niveles inferiores de complejidad ontológica, y lo hace hasta virtualmente eliminarlas, al punto que se tiene en estos niveles, solo la causalidad ascendente (bottom up). Esta causalidad ascendente no tiene dirección, es como ya lo hemos visto en los capítulos anteriores, mero y puro mecanicismo ciego. Esta presentación del pSC resulta difícil de compaginar con la noción tradicional escolástica que sostiene que el mundo en su totalidad es diseñado, no solo los niveles de complejidad mayor. En un mundo como el nuestro, es claro que tenemos estructuras simples como el agua, y complejas como el cerebro humano, y que su estudio requiere de aproximaciones epistemológicas distintas. Pero la TDI y el Neodarwinismo, son disciplinas que se preocupan de estudiar el origen de la vida y su desarrollo, son como ya sabemos ciencias históricas, de modo que no se trata de estudiar solamente las estructuras complejas en el presente, sino que fundamentalmente explicar cómo han podido aparecer en el curso del desarrollo universal. Desgraciadamente el pSC no explica la génesis de las jerarquías ontológicas del mundo, pienso que teóricamente se tendría que recurrir a las "causas segundas"; sería muy interesante saber cómo se han generado estas jerarquías para facilitar la correspondencia con las concepciones científicas de la emergencia de estructuras complejas especificadas. En lo que se refiere a la ciencia actual, que estudia los objetos naturales, no cuenta con ninguna ley o principio ordenador de la materia como para explicar el origen ni de una 'simple' estructura compleja especificada, a no ser de recurrir al azar que nada engendra. En lo que se refiere a la TDI, desde el terreno de la ciencia, asume el problema del origen, como hemos visto en el capítulo 4, y postula una hipótesis para explicarlo.

Ahora cuando aplicamos el Modelo de niveles al neodarwinismo, el profesor Santiago Collado (pSC) cree que, aunque el neodarwinismo sea la explicación predominante de muchos fenómenos biológicos, cuando intenta explicar todas las realidades naturales orgánicas, esto es, cuando se salta las hendiduras ontológicas entre los diversos niveles, cae sin escusa, en un fragante **reduccionismo** (dar cuenta de toda la realidad biológica mediante una explicación perteneciente a un nivel ontológico menor). En este sentido, el pSC señala que para algunos defensores del neodarwinismo (F. Ayala, T. Dobzhansky), la selección natural al modelar los seres vivos tiene el papel de teleología o causa final, pero comenta que no se trata de una verdadera teleología en el sentido tradicional, puesto que esta 'operación' modeladora de la selección natural, se realiza a niveles biológicos primarios subyacentes a las estructuras biológicas afectadas; los niveles ontológicos superiores son explicados por mecanismos de los niveles inferiores. Estas explicaciones ascendentes constituyen, en palabras del pSC, un 'materialismo', un 'mecanicismo' que implica un **'naturalismo ontológico'** (una base metafísica simple que da cuenta de toda la realidad existente, sin respetar las jerarquías de niveles ontológicos).

En lo que se refiere a la TDI, el pSC nos dice que, al igual que el neodarwinismo, esta teoría: "...cae en supuestos de una metodología mecanicista, similar, y a veces [es] más radical." (6:178) El pSC continúa explicando que los defensores de la TDI lo niegan, enfatizando: "...el recurso a una inteligencia no-mecánica en su estudio de la complejidad de los seres vivos. No obstante, si uno examina sus teorías cuidadosamente, estos supuestos se hacen claros." (6:178) Para explicar esta afirmación, el pSC recurre a un análisis de la noción de complejidad irreductible.

El pSC utiliza el libro de M. Behe, '*Darwin's Black Box*' (7), y señala que la elección de la metáfora de 'caja negra' –un artefacto que se sabe lo que se hace por sus efectos visibles, pero se ignora cómo funciona en su interior--, ya es significativo porque: "Este acercamiento provee ya claves de los supuestos que subyacen el DI: Behe cree que ha encontrado un nivel privilegiado y elemental desde cuya perspectiva se pueden explicar todos los otros niveles biológicos." (7:178-9) Así, la complejidad irreductible --descrita como un complejo biológico que necesita todos sus componentes presentes para poder efectuar su función--, es ejemplificada por Behe con la metáfora de la **trampa para ratones**; un artefacto construido por varias piezas distintas que son todas necesarias para su operación. De esta metáfora, el pSC concluye que la tesis es mecanicista, puesto que una trampa se puede naturalmente descomponer en piezas --en "átomos"--, por lo que: "Hemos llegado entonces al nivel fundamental típico de las teorías mecanicistas." (7:179) Lo de mecanicista se refiere a la descomposición de la totalidad en piezas en movimiento que la explican. Pero hay que agregar a esta visión reducida del pSC, que lo particular y significativo de una trampa es que es una **artefacto diseñado** para cumplir una función específica. Lo importante es la *configuración programada* y la *necesidad de la presencia de todas sus piezas para su acción efectiva,* y es esto lo que se debe destacar en esta metáfora de Behe, para comparar la trampa con la complejidad inteligente de las estructuras biológicas. En la trampa se pueden distinguir los dos niveles, el primario elemental de piezas con ciertas propiedades necesarias para el funcionamiento de la trampa que, además se 'modifican' y 'elaboran' (diseñan) para que sirvan de componentes posibles de ensamblar, y un nivel superior que se refiere a la integración de sus partes para efectuar la función, este es el nivel de diseño realizado por una inteligencia (la humana); si se quiere, dos niveles ontológicos de estado de un objeto, para seguir el esquema del pSC. Creo que se debe comentar que la interpretación del pSC es muy selectiva y reduccionista, lo que invalida sus categóricas conclusiones.

Para apoyar la crítica de mecanicismo, el pSC cita a Behe mencionando la integración de los 'ladrillos de la construcción' ("building blocks') para el funcionamiento de las operaciones vitales, y las 'máquinas moleculares' como estructuras bioquímicas que funcionan como máquinas. También cita a W. Dembski escribiendo: "...la metodología de ingeniería como un principio regulativo fundamental para entender los sistemas biológicos." (9:132) Y lo vuelve a citar, --curiosamente--, pensando que su acuerdo con los supuestos de Behe aparece más claro: "**Los signos de inteligencia** que ocurren en los artefactos humanos y en los sistemas biológicos, no son meramente análogos. Son isomórficos porque encontramos en ellos las mismas formas de complejidad especificada." [Negrillas agregadas] (9:230) Es realmente curioso, aunque revelador, que el pSC no se percate adecuadamente de lo que dice la cita, y extraiga conclusiones que solo muestran, lo que parece ser su meta final: mecanicismo en el corazón del la TDI. El pSC continúa comentando el mecanicismo en la bioquímica que presenta Behe: "Los proponentes del DI piensan que el entender la dinámica propia de la vida es equivalente a conocer los elementos básicos y sus interrelaciones, esto es, las 'tuercas y pernos' de la vida."…. "para poder decir que entendemos propiamente las interrelaciones debemos asumir que estos elementos son los 'átomos' de la vida." (7:181) Francamente, no creo que el pSC piense honestamente que tanto Behe como Dembski, para mencionar solo a los autores que él cita, crean que "la dinámica propia de la vida es equivalente" a las interrelaciones de los "átomos de la vida", entendiendo por esto los componentes bioquímicos básicos del organismo; porque obviamente la 'vida' para estos autores no se reduce a la bioquímica, ni la vida humana se entiende solamente gracias a la bioquímica o la fisiología. Sin embargo, es muy importante conocer las bases primarias de la bioquímica para entender muchos procesos vitales, indispensables para la vida de los organismos; solo como ejemplo, piénsese en la 'glucosa' y su metabolismo, y para ser aún más radicales en el O_2, o en el H_2O, que se pueden caracterizar como "atomos" de la bioquímica, átomos esenciales para entender los procesos energéticos del organismo (sin estos procesos, no hay vida).

De estas citas, el pSC desprende una conclusión: los proponentes del DI "...piensan que hay un nivel privilegiado desde el cual se puede explicar la vida—el nivel de las biomoléculas—y que tenemos un método perfecto e independiente para estudiarlo." (6:181) [mecanicismo] El pSC llega a afirmar que para Behe la complejidad de las entidades superiores se puede describir en base a la bioquímica, y que en un análisis final pueden ser explicados por procesos que ocurren en el nivel elemental; y para confirmarlo cita a Behe: "Los pasos relevantes en los procesos bioquímicos ocurren últimamente en el nivel molecular, de modo que, una explicación satisfactoria de un fenómeno biológico—como la visión, la digestión o la inmunidad—**debe incluir** sus explicaciones moleculares." [Negrillas agregadas.] (7:22) Creo que el reduccionismo y restricción con que el pSC entiende estas citas salta a la vista; las bases bioquímicas, incluyendo las acciones moleculares que son partes esenciales en esta disciplina, son muy importantes, y se den **incluir**, para comprender las funciones de los sistemas de los que forman parte. Por ejemplo, para entender el proceso digestivo –bastante complejo--, se debe conocer la bioquímica de la formación y acciones del HCL ("átomo" de la fisiología gástrica) y de otras secreciones digestivas, además de la actividad bioquímica envuelta en la fisiología de todos los órganos del aparato digestivo.

Esta conclusión del pSC lleva consigo la imputación para la TDI de mecanicista materialista de la vida, puesto que, según el pSC, esta tesis usa las explicaciones de un nivel ontológico inferior para dar cuenta de los niveles superiores; escribe: "Los niveles más altos no constituirían ningún salto real u ontológico, sino simplemente a un grado más alto de complejidad estructural. En base a estos supuestos, los niveles más altos son reducibles a este más elemental [mecánico]." (6:182) Esta conclusión del pSC es infundada, simplemente no ha leído con cuidado las citas de estos autores; ha omitido la mención de la presencia de 'signos de inteligencia', y diseños bioquímicos 'programados' (ver próximo párrafo) que son fundamentales para comprender lo que propone la TDI, y que se constatan claramente en ciertas estructuras bioquímicas. Los niveles de organización no son lineales en bioquímica, hay un 'salto', de lo 'organizado en forma meramente mecánica, a lo 'organizado' con sentido y propósito, lo superior no puede, ni reducirse, ni explicarse por lo del nivel inferior, en lo que se refiere a la estructuración de los complejos irreductibles (nótese, en bioquímica no se habla de niveles ontológicos que pertenecen a otra disciplina). No es sencillo ni claro poder establecer una correspondencia de los niveles de organización de los que habla la TDI, con los niveles ontológicos del pSC, pero sí es claro que se trata de dos discursos diferentes, por lo que esta posible correspondencia es difícil de conceptualizar y de explicar con los debidos detalles. Desgraciadamente el Profesor Collado no ofrece ningún comentario en este sentido, más bien, parece no percatarse o, simplemente ignora los niveles de organización de los complejos especificados.

Después de estos comentarios mostrando el mecanicismo bioquímico de la complejidad irreductible de Behe, el pSC considera que ha llegado al punto clave para su argumento; escribe: "Pero, eso es precisamente la aporía en el DI. Primero asume mecanicismo y reduccionismo, solo para introducir posteriormente la noción de diseño como un escape para dar cuenta de la complejidad irreductible." (6:182) El pSC (6:182) cita a Behe para mostrar la rectitud de su conclusión: "...la conclusión honesta es que muchos de los sistemas bioquímicos son diseñados"........" no por las leyes de la naturaleza, ni por el azar ni la necesidad; más bien, fueron *programados*."........"La vida en la tierra en su nivel más fundamental, en sus componentes más críticos, es producto de una actividad inteligente." (6:2)

De acuerdo con esta visión del pSC, Behe, con las operaciones mecanicistas de la bioquímica llega a constatar la existencia de esas estructuras complejas irreductibles, que en rigor, no pueden ser explicadas por el mecanicismo bioquímico que las desvela, y para salvar este escollo, Behe recurre al DI. El pSC parece ver en este proceso una intolerable inconsecuencia: "La noción CI tiene carácter aporético porque emerge de un análisis de acercamiento mecánico. En un modelo de este tipo, esta noción es coherente pero, pero al aceptar su validez, uno debe concluir que es imposible describir algunos niveles naturales." (6:182) Este comentario indica la curiosa situación que operando con un método –mecanicista--, se llega a un estado de cosas que no se pueden explicar. En este sentido la apreciación del PSC es correcta, la concepción mecanicista no puede explicar las estructuras complejas irreductibles, y su actividad teleológica (aporía); y si se acepta esta concepción teórica como lo único posible en biología, pues no hay cabida a ningún nivel jerárquico, ni aporía alguna; todo sería potencialmente explicable por este procedimiento mecanicista. Esta perspectiva es abiertamente un sin sentido, pues el mecanicismo no cuenta con ningún principio organizador que dé cuenta de la increíble complejidad y armonía funcional de los componentes biológicos. Y esto es lo que exactamente sucede, con la aproximación mecanicista se llega a un punto en que el método se torna incapaz de solucionar 'la aporía', y por eso, surge la TDI, y dentro del terreno científico, para ofrecer un nueva aproximación al problema.

Las citas presentadas por el pSC indican en verdad procedimientos mecanicistas en la bioquímica por parte de los proponentes del DI, porque estos procedimientos, --propios de la ciencia actual-- son útiles y efectivos para conceptualizar las interacciones químicas, pero no son capaces de explicar el origen de las estructuras complejas especificadas, incluyendo las CI. Por esta razón, los autores del ID, Behe naturalmente incluido, hablan de programación y actividad inteligente para describir el advenimiento histórico de estas estructuras. De modo que es claro que los proponentes del DI aceptan las explicaciones mecanicistas en los niveles estructurales bioquímicos más sencillos y simples (y en las reacciones químicas), pero reconocen que los niveles complejos son mejor explicados por una *programación o diseño,* tanto en lo que se refiere a su origen, como a su configuración que les posibilita una actividad teleológica biológica. En otras palabras, estos autores reconocen, dos niveles de 'estructuración' u 'ordenamiento' bioquímico, en el nivel de fundamento hablan en términos mecanicistas bioquímicos como posibles de lograr algunos complejos menores siguiendo las leyes naturales que rigen el comportamiento molecular, y en los complejos organizados especificados hablan de *programación o diseño*, esto es, de información biológica codificada que permite el desarrollo de esas configuraciones con actividad específica teleológica y causalidad descendente. La actividad entonces, de estos dos niveles de estructuración es también diferente –aunque siempre química--, porque, sin duda los elementos químicos envueltos en estos complejos poseen sus propiedades naturales y actúan consistentemente (de acuerdo a leyes naturales de estos elementos), pero en la interacción resultante, la acción es claramente específica para una meta biológica particular, --producto de la disposición estructural del complejo bioquímico, y su funcionamiento regulado (incluyendo regulación biocibernética)-- y es más que la suma de las acciones de sus componentes tomados individualmente. Es conveniente enfatizar que la ausencia de un principio ordenador en la concepción mecanicista hace muy difícil, más bien imposible explicar el origen de las estructuras complejas especificadas (y CI), y su teleología es meramente casual. La TDI, en cambio, explica el origen de estas estructuras especificadas y su teleología diseñada y causalidad descendente (top-down), como consecuencia de la estructuración programada de dichas estructuras.

El lector debe recordar que el libro de Behe, *Darwin's Black Box*, se centra fundamentalmente en una objeción al darwinismo, su incapacidad de explicar la complejidad irreductible por la acumulación de pequeñas ventajas evolutivas (de aquí su metáfora de la trampa de ratones); pero no deja de lado otras propiedades distintivas de las estructuras complejas. Es importante recalcar que Behe ha sostenido consistentemente que la teleología observada en el funcionamiento de las estructuras complejas (incluidas las CI) con sus componentes adecuadamente dispuestos para este propósito, es lo indicativo de diseño. De manera que hay dos aspectos distintos en la complejidad bioquímica, uno es que algunas de estas configuraciones son irreductibles y, por tanto, teoréticamente no posibles de ser explicadas por una evolución gradual neodarwinista; y el otro aspecto se refiere a la inferencia de diseño, que es apoyado por el funcionamiento teleológico de las estructuras. Es efectivo que Behe se extiende en detalles sobre las bases bioquímicas del organismo, para mostrar que son fundamentales para entender los procesos vitales y evolutivos, un material desconocido en la época de Darwin; este autor solo tuvo acceso a las expresiones externas de los organismos vivos, de ahí lo de *Black Box*. Behe claramente dice que en los organismos vivos se encuentran numerosas formaciones moleculares, incluyendo las de CI, y que para entender un organismo desde el punto de vista biológico, --bioquímico--, se debe tener presente la totalidad bioquímica, y su funcionamiento; no se puede omitir el 'mecanicismo' –leyes fisicoquímicas—, ni tampoco la *programación* de ciertas estructuras. Si a estas consideraciones agregamos que el organismo vivo es un conjunto organizado y armónico de numerosos componentes en interacción, entramos a un nivel de orden imposible de ser explicado por una simple visión mecánica de los procesos biológicos que sustentan la vida; toda esta organización está orquestada a través las interacciones del complejo genético y epigenético, cuyas estructuras están lejos de ser un producto mecánico. En este sentido la TDI constituye un importante aporte para facilitar el entendimiento de estas configuraciones complejas, y su funcionamiento.

De manera que para el Profesor Santiago Collado (pSC), el neodarwinismo y el DI comparten métodos y supuestos mecanicistas, y son ambos esencialmente materialistas; el pSC escribe: "Ambos, la Teoría Sintética del Darwinismo y el DI eliminan la existencia de una jerarquía de niveles ontológicos distintos."…. "los partidarios del DI necesitan tal materialismo para introducir por la puerta trasera la noción de diseño, esto es, abandonando el método usado en su análisis, para depender explícitamente en el ámbito intencional." (6:182) No resulta fácil entender a lo que se refiere el pSC, fundamentalmente porque habla un lenguaje con trasfondo metafísico: niveles jerárquicos ontológicos, y no aclara su correspondencia con las estructuras bioquímicas. Para el pSC, la TDI se vale poco menos que de una triquiñuela para introducir un ámbito intencional, un ámbito mental, inteligente; pero es obvio que la TDI no propone la existencia de una mente inteligente en las estructuras biológicas, sino que las estructuras consideradas diseñadas muestran una organización tal, que requiere de la presencia de información biológica para que ocurran, y en última instancia, de una acción inteligente en su origen. Hay que puntualizar que es el mecanicismo neodarwinismo el que no reconoce ordenamientos estructurales que no sean explicables por su método: leyes naturales y azar. La TDI, por el contrario, reconoce que el mecanicismo no es capaz de explicar estas estructuras especificadas, estudia la situación y propone una hipótesis, con lo que se abre un capítulo nuevo y fundamentado, para la ciencia biológica: información digital codificada genuina y fundamentada no en el azar, sino en una acción inteligente con propósito: el sustento de la vida del organismo. En este proceso no hay ni torceduras, ni triquiñuelas para filtrar ninguna agenda prohibida en ciencia.

El pSC afirma que ambas teorías, el neodarwinismo y la TDI, coinciden en el uso de métodos mecanicistas en su argumentación de base, y llegan igualmente a la aporía de la CI: "...la misma aporía aparece en ambas teorías." (6:182) [El neodarwinismo no llega espontáneamente a la aporía, porque su mecanicismo lo explica todo.] El pSC sostiene que la aporía es consecuencia de estas suposiciones metodológicas, y solo permite dos posibles acercamientos: uno es negar la aporía, sosteniendo que la CI es consecuencia de vías evolucionarias desconocidas, pero que eventualmente se descubrirán; de este modo se conserva el mecanicismo, pero desaparecen las jerarquías de ordenamientos biológicos (jerarquía ontológica). La otra vía consiste en recurrir a una explicación externa al método científico, con lo que se conserva la aporía, y la jerarquía de niveles que implica, pero se abandona el mecanicismo y sus métodos, que es lo que hace la TDI, con lo que se desvanece su cientificidad: "Abandona, más aun, la misma ciencia, sobre las cuales se basan sus afirmaciones." (6:183) Es efectivo que la TDI abandona el mecanicismo como explicación de las estructuras complejas *programadas*, pero no rechaza las operaciones bioquímicas en lo que se refiere al envolvimiento de leyes naturales en la actividad bioquímica general. La argumentación del pSc parece indicar que para conservar la presencia de estructuras biológicas con especificidad --la presencia de 'niveles ontológicos' en su perspectiva--, no se puede utilizar la concepción mecanicista ni sus métodos, básicamente reduccionistas y materialistas (responsables de la aparición de la aporía); pero al mismo tiempo el pSC reconoce que esos son los métodos propios de la ciencia moderna y contemporánea; por lo que podríamos concluir que si se hace ciencia, pues, no es posible aceptar niveles ontológicos; lo que es correcto, no es posible pasar de lo mecánico a lo complejo especificado, al orden significativo usando la aproximación mecanicista de la ciencia actual, se necesita una concepción nueva con métodos diferentes para estudiar lo que aparece: información, diseño, teleología, y por esta razón surge la TDI. En buenas cuentas, la TDI realiza lo que parece señalar el pSC, con el mecanicismo no se puede enfrentar los niveles ontológicos más altos, se necesita otra metodología, y el ID la propone en el seno de la ciencia. Pero el Profesor Collado no lo acepta. También es claro que el pSC no ofrece ningún método alternativo a lo que él denomina "suposiciones metodológicas" mecanicistas que terminan en la aporía (suposiciones que a veces llama 'falladas'; suposiciones que también reconoce científicas). Estas "suposiciones" mecanicistas son las con que opera corrientemente la ciencia, por lo que la aporía es una consecuencia perfectamente legítima del proceder científico, y también es legítimo reconocer los límites de esta aproximación mecanicista.

Nos encontramos entonces que no son muchas las posibilidades de solucionar la aporía. Una consiste simplemente en su negación y continuar con una aproximación mecanicista a esta compleja estructura, esta es la ***aproximación neodarwiniana***. En esta vía tropezamos con que las posibilidades mecanicistas para explicar el desarrollo evolutivo de la vida son tan inagotables como especulativas, lo que le da a esta doctrina un inmenso poder 'explicativo' de lo que ha sucedido, junto con la ausencia de un genuino poder predictivo, puestos que los mecanismos propuestos están sustentados en el azar. Esto no significa que no pueda haber algunas mutaciones con beneficios menores para un organismo, perfectamente confirmadas, como veremos en el próximo parágrafo. La confirmación en laboratorio de las posibles vías evolutivas de la vida en el planeta, no es fácil, más bien es imposible, considerando las condiciones en que estos fenómenos podrían haber ocurrido en la historia de la vida, prácticamente desconocidos o malamente conocidos, además del tiempo envuelto en el proceso propuesto. Una propuesta del neodarwinismo para explicar la aparición de estructuras complejas irreductibles imposibles de evolucionar en pasos graduales fijados por la selección natural, consiste en asumir un ***proceso de captación*** de estructuras menores funcionales que habrían evolucionado independientemente, y que se acoplarían en el curso de la evolución para formar la configuración irreductible; una solución evolutiva ingeniosa, altamente especulativa, muy difícil de formular concretamente en forma convincente, y carente de evidencia empírica directa o indirecta. Otra explicación neodarwinista –por cierto sin base empírica--, se apoya en la genética de poblaciones (cálculos matemáticos de posibles variaciones de genes en poblaciones de organismos) que propone la acumulación de rasgos no especialmente 'beneficiosos', o simplemente "neutros", o incluso "deletéreos", por meros procesos estocásticos (sin participación de la selección natural); eventualmente se llegaría por acumulación y conjunción de diversos rasgos, a la aparición de las estructuras complejas irreductibles, en otras palabras, todo por medio del azar. Lo que sí aparece claro en la teoría de la evolución darwiniana, es su recurso inacabable a la ideación de vías y ocurrencias evolutivas en el pasado que salvan las dificultades empíricas y teóricas que enfrenta la teoría, escudados en el todopoderoso azar. Se puede afirmar que esta teoría respira y vive en la atmósfera de la especulación y de la credulidad. (Ver pie de página #2.)

El neodarwinismo como ciencia histórica enfrenta las dificultades propias de esta disciplina (10). Pero los mecanismos que presenta para explicar la evolución de la vida no pueden considerarse --a la luz de los conocimientos de la biología actual--, como una *"hipótesis adecuada"*, como una "*vera causa*". La tesis del neo-darwinismo descansa primariamente en dos pilares fundamentales; veámoslos en forma muy esquemática y limitada: --**Mutaciones fortuitas** ocurridas por situaciones distintas durante el proceso de reproducción, que generan cambios beneficiosos (heredables) en los organismos; la razón de que estos efectos consecuencia de mutaciones sean "beneficiosos", es atribuida simplemente al azar, esto se refiere a que el efecto beneficioso puede o no ocurrir como consecuencia de la mutación, que es también fortuita: el azar radica en probabilidad estadística de estas situaciones fortuitas. El azar no tiene poder causal, no es el azar el que produce los efectos beneficiosos, sino que la mutación accidental, y este es un hecho que es posible estudiarlo empíricamente. En este sentido hay que puntualizar que no se tiene confirmación que mutaciones espontaneas o provocadas en laboratorios, produzcan efectos significativamente beneficiosos, sino más bien, lo contrario, son deletéreos. Los pocos escasos cambios adaptativos que se han observado, se deben a mutaciones con menoscabo de funciones existentes, con pérdida de información genética; malamente se podría especular que estas mutaciones contribuyeran a la macroevolución. La 'replicación' de genes se supone que es un mecanismo genético con gran posibilidad para que ocurran efectos (mutaciones) beneficiosas para el organismo, sin embargo con la aplicación a este proceso de la Teoría del Constructor (Constructor Theory's), de carácter matemático que formula la apariencia exacta de diseño, apunta a la necesidad de la presencia y participación de *información digital* --no incluida en la teoría neodarwiniana--, para que esta posibilidad pudiera ocurrir; esto significa la intervención de elementos *programados*. Igualmente, la verificación de las "mutaciones dirigidas" que surgen frente a presiones ambientales, como se ha observado en estudios con *E.coli*, tienen un evidente carácter teleológico: ocurren en el momento y lugar oportuno y resuelven problemas inmediatos del organismo, lo que no se compagina para nada con el azar de las mutaciones postuladas por el darwinismo, sino, más bien, apuntan a una *pre-programación*.[2] –El segundo pilar es la **selección natural**, a la que incluso se le otorga una cierta capacidad teleológica que neutralizaría el azar de las consecuencias de las mutaciones, pero como comenta muy claramente el pSC, esta nada tiene que ver con la teleología del pensamiento filosófico tradicional; a lo que habría que agregar que la selección natural es un proceso basado en el azar, y que se trata más de una podadera que asegura la mera reproducción favoreciendo rasgos adaptativos de los organismos, que de una teleología propiamente tal que conduzca a nuevos y variados rasgos específicos necesarios para explicar la diversificación de las especies. La selección natural no es un proceso en nada evidente, porque la mayoría de los seres vivos parece estar en un perfecto equilibrio con su ambiente y con sobrevivencia, y, además tiene un carácter tautológico, puesto que los animales que sobreviven, sobreviven porque son aptos, no prueba nada; es un concepto teórico especulativo. La idea de la selección natural es básicamente una extrapolación de la selección artificial realizada por el hombre, que por lo demás, no ha demostrado satisfactoriamente un verdadero cambio de especie solo cambios dentro de la especie misma, y que con frecuencia genera organismos ventajosos para el hombre, pero débiles o incapaces de vivir en condiciones naturales sin su protección. El papel que se le asignaba a la selección natural en la adaptación evolutiva, ha sufrido serias críticas en los últimos años, aún por simpatizantes del

---

[2] Para un análisis documentado y actualizado de las áreas en biología para las que la TE darwinista no tiene explicaciones apropiadas, ver "*La Quinta Vía y el Diseño Inteligente*", Capítulo V, de Felipe Aizpún Viñes. En prensa. OIACDI.

neodarwinismo. Es importante tener presente, y claro, estas limitaciones de los principios fundamentales del neodarwinismo, porque algunos autores exaltados de esta corriente ideológica, los presentan como 'leyes de la naturaleza'. De este modo pretenden evadir el carácter de ciencia histórica de la TE, y quizás alcanzar así, el estatus de ciencia experimental (¡).

Volviendo a la aporía del pSC, otro acercamiento posible a este callejón sin salida, es el adoptar una ***actitud expectante***, en armarse de paciencia y esperar que la ciencia descubra algún principio o ley de la naturaleza ordenador de los procesos naturales; esta propuesta, al igual que la neodarwinista, es muy improbable que ocurra, y básicamente por la misma razón, porque la aporía es debida a procesos informáticos codificados, un nivel tal de sofisticación que apunta en su origen la participación de una inteligencia. Incluso también se podría pensar en recurrir a un ***acercamiento metafísico*** (como sugiere el pSC), que nos saque del atolladero. Pero esto significa abandonar el campo de la ciencia para entrar de lleno en el terreno de otra racionalidad; una confluencia confusa, prácticamente estéril al trabajar con abstracciones de contenidos genéricos, no medibles, y por tanto, de muy difícil –o imposible-- aceptación para la actividad científica.

Pero como ya se ha notado, el profesor Santiago Collado no ofrece ninguna solución alternativa a este problema, al menos desde el punto de vista científico, al que critica con desenfado; pero que no ofrezca una solución posible es comprensible, puesto que se trata primariamente de un filósofo/teólogo. Tal vez la argumentación presentada, intenta ser meramente un comentario de tipo metafísico; el pSC escribe en su conclusión lo que parece apuntar en esa dirección: "Uno puede ciertamente negar *a priori* el problema de la complejidad irreductible, como hacen algunos darwinistas, pero uno puede también cuestionar lo adecuado de un método mecanicista estrecho como el único medio de evaluar la vida." (6:183) Y, claro, la ciencia no es el único modo de estudiar el fenómeno de la vida, pero el problema que enfrenta la TDI es de carácter científico e intenta resolverlo de ese modo, legítimamente. Desgraciadamente el pSC no brinda ninguna luz fructífera, solo críticas partidistas desde una perspectiva filosófica/teológica de la naturaleza –respetable--, pero paradójicamente reduccionista, aunque se presente como portadora de la verdad de la realidad.

La TDI precisamente ofrece un método diferente al mecanicismo básico, con un acercamiento que parte de la observación actual de fenómenos análogos para postular una hipótesis que satisface las exigencias de las ciencias históricas. Esta tesis posee poder explicativo y está abierta a revisión si se descubren otros modos de explicar la información biológica; además las investigaciones que se realicen inspirados en esta tesis, como sería la investigación sobre información biológica, son perfectamente medibles y controlables de acuerdo a las reglas epistemológicas de las ciencias. Por tanto, la TDI responde al comentario del pSC: "cuestionar lo adecuado de un método mecanicista estrecho como el único medio de evaluar...", no la vida, sino la complejidad irreductible y, en general, las estructuras complejas especificadas que encontramos en biología; la TDI se atiene al campo científico concreto, estructuras biológicas que son claramente soporte de la vida. Pero el pSC no acepta el método propuesto por el DI, porque se trata de: "una solución que cae fuera de nuestro método científico y del naturalismo metodológico propio de las ciencias naturales." (6:183) El pSC está en lo correcto si entendemos por "método científico", lo característico de las ciencias experimentales (realizar experimentos); pero no, si consideramos que la TDI como el Neodarwinismo, son ciencias de los orígenes, o ciencias históricas que utilizan procedimientos epistemológicos diferentes, ya que no es posible realizar, ni observaciones directas, ni experimentos adecuados en sucesos enterrados en tiempos pasados muy lejanos. (10. 11)

Pero el pSC también se refiere al "naturalismo metodológico" que quiebra la TDI, de modo que pareciera que esta es la razón fundamental, por la que no le resulta aceptable. Y esto es sin duda curioso, porque critica duramente el mecanicismo materialista en su afán reduccionista, que es bastante prevalente como ideología en el medio intelectual de nuestra época, y subyace en el naturalismo metodológico que se impone en la ciencia contemporánea. Además es extraña la resistencia a reconocer diseño en algunas estructuras biológicas, cuando el diseño en la naturaleza toda, es parte importante de la filosofía natural de influencia aristotélico-tomista. Este "naturalismo metodológico" que defiende el pSC, parece ser más bien, un **"naturalismo teológico"**, al cual ya nos hemos referido en el capítulo anterior. Sea el "naturalismo metodológico" inspirado en una ideología naturalista materialista, o en una razón teológica, o simplemente sea una práctica epistemológica que se considere útil y segura, constituye no obstante, una mordaza para el desarrollo de la ciencia, frena la actividad cognitiva del hombre, y puede conducir a un reduccionismo ontológico materialista distorsionante.

Para finalizar este comentario del artículo del Profesor Santiago Collado es muy importante señalar nuevamente que el análisis de las estructuras bioquímicas, lo hemos hecho olvidándonos que la bioquímica –y la fisiología-- de un organismo, constituyen una globalidad holística que ha sido gestada y regulada a partir de un complejo sistema genético y epigenético, mediante una sutil e intrincada red de comunicaciones de información biológica (biocibernética), que asegura el desarrollo y el funcionamiento de un organismo. De modo que estos comentarios son, por decirlo así, periféricos, y en cierto modo, descontextualizados, y deben por tanto, interpretarse en el contexto de la globalidad funcional del organismo, lo que requiere de un sistema de información codificada, completamente ajeno a las determinantes leyes mecánicas. No obstante, la clarificación de conceptos y la comprensión de la organización de complejos biológicos con especificidad realizados a nivel local, son fundamentales para entender la TDI; además nos ayuda a distinguir niveles distintos de organización y de actividad bioquímica, sin abandonar la presencia activa de las leyes naturales en ellos. De este modo se pueden apreciar las concepciones mecanicistas con actividad repetitiva y determinista, y la dimensión informática de las estructuras complejas especificadas que explican la actividad teleológica y la causalidad descendente. Ambas concepciones son indispensables para manejar y entender la increíble complejidad bioquímica de un organismo.

La TDI como una caída en el ocasionalismo

Como señalamos en la sección anterior, algunos autores defienden un naturalismo que puede llamarse naturalismo teológico. Desde este punto de vista no se acepta la idea que Dios intervenga puntualmente en la dinámica de la naturaleza. Esto significa fracturar la soberanía de las propiedades inherentes que Dios ha otorgado a los objetos naturales para darles un funcionamiento 'independiente', con una autonomía y un orden que permite al hombre conocer y manejar el mundo; a hacer ciencia. El tipo de intervención divina puntual, se inclinaría a lo que se ha llamado ***ocasionalismo***. Como es frecuente leer argumentos en contra la propuesta del DI en base a esta concepción teológica, es oportuno bosquejar lo que significa el ocasionalismo.

Santo Tomás de Aquino se encontró con el ocasionalismo musulmán profesado inicialmente por teólogos especulativos del islam (grupo del *Kalam* o Montecalmino) que florecieron entre el siglo VIII al X, pero cuya influencia continuaba hasta su tiempo. El centro de esta tesis es que la única causalidad existente, es la causalidad divina; los objetos finitos son inertes en cuanto a causalidad, y son movidos exclusivamente por actos divinos singulares. En esta concepción islámica, se tiene una visión metafísica de las cosas del mundo como un conjunto de partículas (átomos) que siguen los comandos divinos. De este modo, los *accidentes de la sustancia* son concebidos como segmentos de corta duración y generados por Dios. Esta doctrina quiere destacar la omnipotencia de Dios, y ofrecer una explicación a la contingencia (incluyendo los milagros) frente a la necesidad con que los griegos intentaron conceptualizar las operaciones del mundo. (12:22-24)

El ocasionalismo al otorgar a Dios la causalidad de todo movimiento en el mundo, desaparece, o se hace inaccesible, la causalidad de los entes naturales (se postulen o no como presentes estas causas en los objetos naturales). Como consecuencia de esta situación resulta imposible el desarrollo del conocimiento científico. El ocasionalismo en una versión extrema cae en la "teoría de la no-naturaleza", imposibilitando todo discurso racional de los procesos naturales. (12:28)

Una aproximación rígida contraria a las intervenciones puntuales de Dios en el mundo, dejaría sin posibilidad de explicación la ocurrencia de milagros que acompañan la historia de la religión judeo-cristiana. Para salvar este inconveniente se aceptan excepciones para algunas intervenciones de Dios en el mundo, --ajenas al entendimiento científico de la dinámica de la naturaleza según las implacables leyes naturales deterministas; estas explicaciones teológicas enfatizan fundamentalmente que se trata de situaciones especiales y necesarias para la relación de Dios con su pueblo. Este tipo de aclaraciones son aceptadas por los creyentes, pero dentro del espíritu de las ciencias no tienen más sentido que como creencias subjetivas de las personas, particularmente cuando la ciencia se toma como un conocimiento de la realidad misma, más que como aproximaciones cognitivas limitadas al mundo que vivimos y en constante revisión, pero que prueban ser útiles en su manejo. Esta marginación a lo meramente subjetivo en que se encuentran las creencias de la religión como consecuencia del determinismo de las ciencias, es una situación inquietante e inadmisible para la teología. En los intentos por resolver este cisma, algunos teólogos piensan que las leyes de la naturaleza no son tan determinantes como parecen, y sostienen que hay muestras de que su rigidez no es tan firme; esperan que con el tiempo esto se haga más evidente y reconocido. De este, modo la intervención de Dios, aunque parezca contradecir el determinismo de la ciencia, tiene cabida sin chocar violentamente con el aparente dogmatismo de las leyes naturales. Otros intelectuales se inclinan a pensar que Dios perfectamente puede intervenir en el mundo sin perturbar las leyes naturales, utilizando algunas de las zonas de indeterminación que han señalado los estudios de la mecánica cuántica; aún otros utilizan la 'teoría del caos' para dar cabida al intervención divina al margen de las leyes naturales. Estos intentos están plagados de dificultades y naturalmente no se ha logrado un acuerdo definitivo al respecto. (13) Otros teólogos como E. Silva, recurren simplemente a la metafísica de Santo Tomás para solucionar este problema; para este propósito utilizan en forma analógica la causa instrumental de un objeto (un hacha, una lapicera, un cuchillo, etc.), poseedor de propiedades inherentes específicas. El instrumento con sus propiedades, al ser utilizado por un agente inteligente, genera efectos más allá de las causas naturales que posee; ejemplo, una lapicera: causa natural depositar tinta, efecto segundo en manos del agente: escribir. (14) Dios entonces utilizaría las leyes naturales para efectos segundos. Esta solución metafísica también entra en serias dificultades con la filosofía misma de la que se postula, no es fácil de aceptar esta limitación de la divinidad, y no tiene contacto con la ciencia, de modo que el cisma entre ciencia y filosofía/teología persiste.

De manera que de acuerdo a algunos autores neotomistas, la TDI implica una intervención puntual de Dios en el curso de los acontecimientos cósmicos, que interrumpe la autonomía otorgada por Dios a la naturaleza; una condenable caída en el ocasionalismo, aunque se pueda considerar parcial y limitada. Desde esta perspectiva, la TDI representa una transgresión a una teología no intervencionista rígida, y además, un peligro para el desarrollo de la ciencia, una irregularidad en su capacidad epistémica. Pero la TDI no anula, ni tergiversa las leyes naturales conocidas, solo reconoce su incapacidad en dar cuenta de ciertos fenómenos naturales, lo que por lo demás es una evidencia obvia en el estudio del fenómeno humano. La TDI complementa, no suprime, los avances científicos realizados en base a las leyes naturales. Pensar que tenemos en la mano de la ciencia tradicional mecanicista, todos los elementos necesarios para conocer la realidad toda, simplemente es un supuesto gratuito.

Una rígida interpretación teológica no intervencionista resulta inconsistente con la concepción de la divinidad como todopoderosa y trascendente; es difícil concebir que Dios no intervenga en la Creación del modo que desee; no hay que olvidar que la creación es un proceso continuo. En este sentido, Santo Tomás lo tiene claro cuando nos dice: "...Todas las criaturas están relacionadas a Dios como los objetos de artes a los artista....En consecuencia, la naturaleza toda es como un artefacto de la mente del artista divino. No es contrario al carácter de un artista, el cambiar el modo de realizar su trabajo, aun después de haberle dado su primera forma. Tampoco entonces, es contra su naturaleza si Dios hace algo a las cosas naturales de un modo diferente al curso acostumbrado de la naturaleza." (15:III:100:6. Citado en ref:16)

Básicamente el ocasionalismo es un tema de elaboración teológica, y la TDI es una tesis dentro del campo científico con connotaciones teológicas, pero sin desarrollos específicos en esa dirección. Teniendo en cuenta que la teología enfrenta un problema con la ciencia determinista --resultado del conocimiento de las causas segundas--, con respecto a la Providencia y milagros de Dios, y considerando que la TDI procede limpiamente siguiendo pautas epistemológicas claras, la resolución de la incompatibilidad entre esta teología particular y la TDI, cae fundamentalmente en el espacio teológico.

En la crítica teológica formulada se apunta que esta caída de la TDI en el ocasionalismo perturba el trabajo epistémico de la ciencia. Pero como ya lo hemos mencionado, tampoco este reproche es válido, no solo, porque la TDI cumple con los requisitos epistemológicos de las ciencias históricas y no elimina el poder explicativo de las leyes de la naturaleza cuando corresponde, sino que además todos los trabajos de investigación que se efectúan en base a esta tesis, se realizan con metodología estrictamente científica. Además, se puede comentar que la apertura/límite con lo sobrenatural o lo desconocido, no solo se aparece en biología, sino que también se presenta en física; por ejemplo, cuando se aboca al origen de los fenómenos físicos elementales. En esta situación los científicos recurren a un racionalismo matemático que llega a transformarse en la realidad misma, cayendo en especulaciones hiperbólicas carentes totalmente de sustento empírico, directo o indirecto, y teóricamente imposible de lograrlo; una incursión, no en lo sobrenatural, sino en lo ilusorio. En otras palabras, se elude la ciencia histórica, y se pretende evadir el problema, asumiendo de una manera tremendamente especulativa, que nuestro universo, --y muchos otros matemáticamente posibles, son productos en última instancia, o de sí mismos, o de la eternidad. Obviamente estas respuestas no satisfacen el criterio de una ciencia sólida, ni tampoco tranquilizan el ansia del saber humano que aspira un conocimiento satisfactorio, sin evasiones que nada explican.

La TDI encuentra empíricamente estructuras genéticas, complejas, especificadas, portadoras de *mensajes* biológicos codificados, imposibles de explicar su aparición solo por la acción de las leyes naturales, aun combinadas con el azar. La propuesta de la TDI es una hipótesis, adecuadamente elaborada y susceptible de falsación: agente inteligente. Se quiebra la normativa dogmática auto-impuesta del naturalismo metodológico, se da una explicación factible y se genera un campo genuino de investigación: *información en la naturaleza*. La TDI no evade la búsqueda del origen, asume el desafío de la ciencia histórica, formula una hipótesis abierta a lo sobrenatural, pero no va más allá; no escabulle lo metafísico, lo reconoce, pero no especula; la ciencia empírica no lo permite.

Biología y filosofía natural: el caso del neodarwinismo

Para terminar este capítulo creo que es importante hacer un pequeño comentario a propósito de las amistosas y sorprendentes relaciones establecidas entre simpatizantes del neotomismo y el neodarwinismo. MI George (17), por ejemplo, reconoce las diferencias metodológicas y en objetivos en la biología y en la filosofía natural, pero sostiene que: "...el mantener que hay una mente detrás de la evolución no constituye una cosmovisión anti-ciencia....[Solo] Cuando los biólogos fallan en darse cuenta de qué tipo de preguntas puede la biología responder, y qué tipo de preguntas corresponde responder a otras disciplinas, es cuando caen fácilmente en errores como, el definir la evolución como 'un proceso sin guía ni planificación de variaciones fortuitas y selección natural'. Errores como este, vician la investigación biológica y engendran conflictos injustificados entre ciencia y religión." (17:143)

De manera que el azar y la falta de teleología del neodarwinismo no deben preocupar a los autores neotomistas conciliatorios; pero claro, no todos los intelectuales de esta corriente filosófica se muestran tan conciliatorios; por ejemplo, el Cardenal Schönborn escribe: "La evolución en el sentido de ancestro común puede ser verdad, pero la evolución en el sentido neo-Darwinista de – un proceso sin guía ni plan de variaciones fortuitas y selección natural, no lo es." (4) Mas conciliatoria es la explicación de MI George cuando comenta la gran cantidad de anticuerpos presentes en el sistema inmunitario resultantes de la mezcla de genes en el curso del tiempo:

"Vemos entonces que reflexiones generales de la naturaleza de los procesos fortuitos muestran que no excluyen automáticamente la finalidad a otro nivel, sino más bien los procesos fortuitos puede ser los mejores medios para lograr ciertas metas. Si se adopta la posición contraria constituye un punto de vista anti-científico, al punto que impide que los biólogos reconozcan la finalidad en situaciones en las que los procesos fortuitos son medios para lograr una meta." (17:140)

El problema que surge con este tipo de argumentos, es que intentan por una parte, separar los dos discursos, el biológico y el de la teología natural, lo que es muy atendible; pero junto a esta separación de racionalidades, quieren limitar las consecuencias perturbadoras derivadas de las teorías científicas, en el caso que tratamos, el neodarwinismo. Para este efecto señalan que hay preguntas que a los biólogos no les corresponde responder, no caen dentro del terreno de su disciplina, sino que en el de la filosofía natural; como es el asegurar que la evolución no es guidada, una afirmación que no correspondería a la biología. En otras palabras, la filosofía natural acepta el azar implícito en el neodarwinismo, más aún, el azar constituye un medio para lograr una meta como sostiene MI George (un argumento un tanto irracional, puesto que el azar por definición no tiene meta), pero rechazan la evolución no guiada. De este modo, el neotomismo rechaza este tipo de evolución que propone la ciencia darwiniana, porque detrás del azar del neodarwinismo --de la ciencia--, se encuentra el respaldo de una teleología que postula una mente –Dios--, que dirige el curso del mundo. Sin duda este argumento es un recurso ingenioso para soslayar las dificultades que surgen en teología frente a la ciencia actual, pero parece implicar una colisión grave de racionalidades distintas.

Muchos autores distinguen la Teoría de la Evolución en cuanto ciencia legítima, de lo que denominan "evolucionismo", esto es, proyecciones de la teoría científica a otras áreas de la realidad, o de la realidad entera, en forma de una ideología evolucionista. Estos autores aceptan la ciencia y rechazan naturalmente la ideología. Pero esta postura enfrenta dificultades, en el caso del neodarwinismo no es fácil distinguir estos dos aspectos, porque el 'cuerpo científico' de la teoría está llena de posibles vías evolutivas especulativas y de otras elucubraciones explicativas, que tienen apariencia aceptable, pero que no poseen respaldo empírico directo ni indirecto, y que incluso teóricamente son altamente improbables o francamente inverosímiles. Se tienen tantas áreas en la historia de la vida y en biología que la TE darwiniana simplemente no puede explicar; entre otros: la explosión Cámbrica, el paso de las formas de vida celular procariótica a células eucarióticas y animales pluricelulares, la información para la forma biológica en la embriogénesis, que se puede afirmar que para sostener la TE se requiere de una buena dosis de fe o credulidad. Lo más claro que se tiene en la evolución, es la microevolución, generada fundamentalmente por arreglos de disposición genética, por lo que no es disputada, y no constituye una pieza de evidencia para la macroevolución, el centro medular de la teoría darwiniana. De modo que aceptando lo que se pregona como científico en la TE, es darle crédito a una serie de conjeturas infundadas, incluyendo la evolución no guiada que es parte central de la teoría. Ahora, si se estableciera en ciencia la doctrina darwiniana como firmemente asentada para dar cuenta de la macroevolución con ancestro común, significaría claramente que el ser humano es parte integral de la cadena de la vida, siendo consecuencia, y operando de acuerdo a la dinámica que le dio origen; esto es, mutaciones y efectos beneficiosos fortuitos, y selección natural. Las consecuencias constituirían una catastrófica colisión con la teología natural neotomista de estos autores.

Frente a un éxito reconocido del neodarwinismo, el recurrir a 'efectos segundos' o a una teleología tras bastidores para acomodarse detrás de los resultados científicos, como proponen algunos autores neotomistas, podría tener crédito en algunos simpatizantes de este subterfugio, pero sería imposible tapar la inmensa grieta que se abriría entre las dos racionalidades, ciencia y teología, como también sería imposible evitar el descrédito de una teología de este tipo.

Pero este escenario es solo teórico, y es presentado solo para señalar lo torcido del proceder de estos autores, que prefieren 'jugar a las escondidas', en vez de enfrentar con franqueza y coraje la realidad del status científico del neodarwinismo. El neodarwinismo no constituye una pieza científica sólida, aunque sus ideólogos así lo pregonen. Hay un número creciente de intelectuales y científicos, que señalan desde diversos ángulos, las deficiencias, y, básicamente la incapacidad de esta doctrina en dar cuenta razonable y científica de la complejidad de la vida; naturalmente muchos de estos disidentes permanecen en la oscuridad para evitar represalias de variado tipo por parte de los darwinistas más beligerantes. Pero el prestigio de la TE permanece, aunque abollado, sostenido por la inercia y por corrientes ideológicas empeñadas primariamente en mostrar que Dios no existe, o que no es necesario para explicar la vida y al ser humano.
Como hemos visto en el capítulo anterior, la TDI como ciencia histórica ofrece una hipótesis 'adecuada', competitiva del neodarwinismo. Esta tesis, presentada como una hipótesis de inferencia a la mejor explicación disponible, no es una teología, ni una filosofía de la naturaleza, queda --como ya se ha indicado numerosas

veces--, en el terreno de la actividad científica. Esta tesis no está basada en especulaciones, ni apariencias de verisimilitud, sino está basada en una fuerte analogía, y es ofrecida como una hipótesis abierta a la refutación No se trata solo de que la TDI posea poder explicativo de los problemas abordados, sino que además incorpora en forma coherente la "información" (no hay información digital codificada sin inteligencia) a la biología –a la ciencia--, objetivable y posible de ser estudiada con metodología científica, y justifica la teleología y la causalidad descendente observada y reconocida en la biología actual.
Resulta curioso y extraño que algunos autores neotomistas ofrezcan una filosofía de la naturaleza para acomodar su posición con la 'odiosa' tesis neodarwiniana, totalmente antiesencialista y que se manifiesta abiertamente hostil y contraria a sus creencias básicas. Una postura inconsecuente que corre el riesgo de generar confusión y disidencia entre sus seguidores, particularmente en aquellos con poca tolerancia a los acomodos y claudicaciones. Digo que es curioso, porque rechazan la TDI que, además de las ventajas mencionadas, reconoce las jerarquías (ontológicas) que hacen posible la causalidad descendente –al menos en el campo biológico científico--, admite la teleología en la naturaleza, y ofrece una apertura a lo sobrenatural (más allá de las leyes naturales conocidas) --sin adentrarse en ello--, para contactar coherentemente con discursos provenientes de la teología.

El advenimiento de la TDI solo debe entenderse como un significativo avance del conocimiento científico, como un definitivo enriquecimiento del conocimiento científico por parte del ser humano. Pero esto no significa en modo alguno, que la TDI pretenda tener en su mano la llave de todo el conocimiento de la realidad; la filosofía y la religión siguen siendo dimensiones fundamentales en la vida del hombre.

BIBLIOGRAFÍA:

1. Schönborn, Cardinal Christoph. Foreword to: Etienne Gilson's book, From Aristotle to Darwin and Back Again: *A Journey in Final Causality, Species, and Evolution.* Ignatius Press. San Francisco, 2009.
2. Richards, Jay W. (May 24, 2010). "On Mechanism: Response to Some Thomist Critics of Intelligent Design." Evolution News. Faith & Science.
http://www.evolutionnews.org/2010/05/on_mechanism_response_to_some034971.html (accedido: agosto, 2014)
3. Richards, Jay W. (April, 4, 2011). "Catholics and Intelligent Design, Part One". Evolution News. Faith & Science.
http://www.evolutionnews.org/2011/04/catholics_and_intelligent_desi045351.html (accedido: septiembre, 2014)
4. Christoph Cardinal Schönborn (2005). "Finding Design in Nature." The New York Times. July 7. (Citado referencia: 56:139)
5. Dembski, William (April 18, 2010). "Does ID presuppose a mechanistic view of nature?" Uncommon Descent.
http://www.uncommondescent.com/intelligent-design/does-id-presuppose-a-mechanistic-view-of-nature (accedido: septiembre, 2014)
6. Collado, Santiago. Evolutionism vs Intelligent Design: Aporia and Method. En: Science and Faith with Reason. Reality, Creation, Life and Design. Chapter: 9. Ed. Jaume Navarro. MPG Books Group. UK. 2011.
7. Behe, Michael (1996). *Darwin's Black Box: The Biochemical Challenge to Evolution.* New York. Touchstone.
8. Dembski, WA (2002). *No Free Lunch. Why Specified Complexity Cannot be Purchased Without Intelligence.* Boston: Rowman & Lithefield Publisher.
9. Dembski, WA (2004). *"The Design Revolution: Answering the Toughest Questions about Intelligent Design."* Illinois, InterVarsity Press.
10. Ruiz Rey, Fernando (2013). Ciencias experimentales, ciencias históricas, y diseño inteligente. En OIACDI, artículos:
http://www.oiacdi.org/articulos/CIENCIAS%20HISTORICAS_O_DEL_ORIGEN.pdf (accedido: septiembre, 2014)

11. MEYER C, Stephen (2009). "Signature in the Cell. DNA and the evidence for Intelligent Design." Harper One. An Imprint of Harper Collins Publishers.
12. Martini, Mauro Francisco. El problema de la causalidad segunda en Tomás de Aquino y su "apuesta epistemológica" por la ciencia natural. Revista digital Synesis No. 1 Primavera 2010 http://www.ceefic.com.ar/pdfs/synesis03martini.pdf (accedido: agosto, 2014)
13. Wildman J. Wesley (2004). "The Divine Action Project, 1988–2003." Theology and Science, Vol. 2, No. 1, 2004. http://www.tandfonline.com/doi/abs/10.1080/1474670042000196612#.U-5rcGPp-mo (accedido: agosto, 2014)
14. Silva, Ignacio (2012). "Providencia divina y mecánica cuántica: ¿puede causar Dios?. Seminario. Grupo de investigación Ciencia, Razón y Fe. Universidad de Navarra. España. http://www.youtube.com/v/u-eDIAPXNoU&hl=es_ES&fs=1& (accedido 26 de Agosto del 2014.)
15. Aquino, Santo Tomás. Summa contra gentiles.
16. Richards, Jay W. (April 14, 2011). Catholics and Intelligent Design, Part Two. Evolution News. Faith & Science. http://www.evolutionnews.org/2011/04/catholics_and_intelligent_desi_1045731.html (accedido: agosto, 2014)
17. George, Marie I (2011). The Biologist Need for Philosophy as Seen through a Comparison of Aristotle's Views on Living Things with Those of Modern Biologist. En: Science and Faith with Reason. Reality, Creation, Life and Design. Chapter: 7. Ed. Jaume Navarro. MPG Books Group. UK. 2011.

Apéndice I

CIENCIAS NATURALES, SUPUESTOS METAFÍSICOS Y METODOLÓGICOS.

IMPLICACIONES PARA LAS CIENCIAS DEL ORIGEN; DISEÑO INTELIGENTE: CRÍTICAS Y DEFENSA.

INTRODUCCIÓN

La situación epistemológica de la teoría del Diseño Inteligente (DI) expuesta por Stephen Meyer en sus libros, "Signature in the Cell. DNA and the evidence for Intelligent Design" (1) y "Darwin's Doubt" (2) es interesante y merece una reflexión seria. Desgraciadamente los argumentos presentados por este autor suelen tergiversarse y presentarse teñidos por la virulenta defensa que presenta el evolucionismo materialista amenazado en su predominancia y popularidad por las críticas de falta de validación empírica en sus tesis, formuladas desde el movimiento del Diseño Inteligente. Las críticas a estos libros de Meyer están en su mayoría centradas exclusivamente en esta defensa del evolucionismo, con mucha frecuencia, distorsionantes y partidista, sin exponer adecuadamente las ideas y argumentos presentados por este autor. Meyer propone una tesis diferente, ideológicamente más amplia que el materialismo/naturalismo que rige en la actualidad en las ciencias de la naturaleza, incluyendo a las ciencias del origen (origen de la información biológica, de la vida o del universo, etc.), ciencias que también se denominan, históricas. La tesis expuesta por Meyer se centra primariamente en la aparición de la información digital biológica en los organismos vivos.

Este trabajo no tiene por objeto una revisión de las evidencias a favor o en contra del evolucionismo químico o del neodarwinismo, esta es una tarea altamente técnica que tendrá que resolverse finalmente en el ámbito científico que corresponde. Lo que sí es claro, es que hay crecientes sectores de investigadores e epistemólogos que dudan seriamente de que el evolucionismo químico y el neodarwinismo sean capaces de ofrecer una explicación satisfactoria de la aparición de la información digital biológica y de los cambios observados en la vida en el planeta. Por esta razón, considero importante conocer las ideas propuestas por Meyer acerca del estatus epistemológico del DI. No intento resolver este polémico asunto, sino presentar varios aspectos de este tema y las posibilidades que abre para el saber, de modo que los lectores no familiarizados con la tesis de Stephen Meyer, tengan una visión general y puedan proceder a formar una opinión adecuadamente informada ante esta fascinante coyuntura en el desarrollo del conocimiento humano, y de la compleja controversia que generan estos cambios.

La tesis del DI se hace presente en las ciencias de la naturaleza en aquellas áreas en las que estas ciencias tienen serias dificultades en explicar o, simplemente no pueden dar cuenta de los fenómenos estudiados en las condiciones físicas actuales de nuestro universo. Esta situación se produce fundamentalmente en las ciencias del origen. Por esta razón, para presentar la tesis del Stephen Meyer es oportuno y necesario, hacer un breve esquema de las fronteras del conocimiento de estas ciencias, específicamente la física, considerada la ciencia por excelencia, y constituir el pilar sobre las que se apoyan las demás disciplinas, incluyendo naturalmente la biología.

Esta breve incursión en el terreno de la física ilustra los esfuerzos teóricos y especulativos realizados para explicar muchas observaciones efectuadas en nuestro universo, y muy importantemente, para mostrar que muchas de estas especulaciones constituyen un intento para ampliar los recursos probabilísticos en los que las teorías evolutivas materialistas pretenden encontrar apoyo para sus tesis. También incluyo un bosquejo de las ideologías metafísicas envueltas en la concepción actual de ciencia, un tema complejo, de larga historia, y con numerosas variantes, pero se trata solo de un esbozo para facilitar la comprensión de las polémicas y controversias que han surgido en torno al ID.

PRESENTACIÓN

Fronteras del conocimiento físico

El ámbito fundamental que nos presenta la física-matemática actual –el Standard Model (Modelo Estándar) del ambiente de las partículas elementales-, en nada se parece al mundo en que vivimos cotidianamente, de hecho lo desconocemos o simplemente lo ignoramos totalmente en nuestras actividades y preocupaciones diarias. Berlinski (3:200-1) describe así este paradójico paisaje: "...campos impregnados de energía latente, partículas que titilan apareciendo y desapareciendo en la existencia, cosas enredadas, y nadie puede decir lo que es posible y lo que es actual, lo que está aquí y lo que está allí, lo que es ahora y lo que fue. Las formas sólidas se desploman. Nada es estable. Grandes e impasibles simetrías mantienen el control, tan vacios y estáticos como el ojo de Vishnu. Nadie sabe de dónde vienen. El tiempo y el espacio se contraen en una especie de espuma quántica agitada. Nada es continuo. Nada permanece lo mismo por mucho tiempo, excepto los electrones, y ellos son idénticos como soldados de porcelana china. Prevalece en todo un frenesí sin sentido."3

El Modelo Estándar es un sistema de clasificación y explicación del ámbito subatómico, se considera una de las mejores teorías fisicomatemática de la estructura del comportamiento de la materia a ese nivel. Este Modelo es consistente con la mecánica cuántica y la teoría especial de la relatividad, aunque se reconoce su carácter provisional y sus áreas problemáticas, particularmente la dificultad de incluir la fuerza de gravedad. (4,31(1): 1306) Con el descubrimiento reciente de la nueva partícula, el bosón de Higgs (la partícula del 'campo' proveedor de masa que supuestamente llena todo el espacio del universo), se anticipa que se podrán explicar algunas predicciones del Modelo Estándar. Los físicos más entusiastas piensan – 'creen'—que ya no solo se podrán explicar muchas áreas oscuras de la física y de la química contemporánea, sino también hasta la vida misma; pero, desde la marea cuántica de partículas elementales, con propiedades relativamente simples, hasta las complejas estructuras materiales que soportan la vida, hay mucho trecho.

Las paradojas presentadas por la mecánica cuántica, sacudieron el mundo de la física, la indeterminación de la onda cuántica y su colapso, dieron cabida a numerosos esfuerzos para resolver los desafiantes problemas planteados. Una línea de especulación ha sido la de sugerir múltiples universos y así resolver las contradicciones a que lleva la mecánica cuántica; estas desaparecen al 'imaginar', con la ayuda de la matemática, que lo aparentemente contradictorio y absurdo no lo es. Si los elementos en conflicto caen en distintos universos, dejan el nuestro plenamente consistente.

Existe una plétora de teorías de este tipo que intentan resolver el puzle desencadenado, pero invariablemente presentan dificultades e inconsecuencias, y son consideradas especulativas, por un sector importante de los físicos que no las postulan.

Una teoría cosmológica que ha tenido popularidad es la 'Teoría de la inflación'. Los cosmólogos se han sorprendido de la homogeneidad del universo –aparecer lo mismo para todos los observadores, sin importar su ubicación--, y de la curiosa uniformidad de la temperatura de la 'radiación cósmica de microonda de fondo' encontrada en nuestro universo (no importando la dirección con que esta radiación venga). Esta radiación es considerada una consecuencia de la enorme explosión inicial –Big Bang-- con que se piensa comenzó el desarrollo del universo. Estas características solo se pueden explicar en cosmología, con teorías que cuentan con condiciones físicas altamente calibradas en las primeras fases del Big Bang. Pero esta calibración de la situación física cae, en lo que se denomina el Principio Antrópico. Este Principio señala que las constantes físicas encontradas en cosmología, incluyendo la edad misma del universo, están balanceadas en un estrecho rango que permite la aparición de la vida y de la inteligencia en el universo que conocemos. Una variación en estas constantes, y simplemente no habría vida. El Principio Antrópico genera debate y controversia, particularmente porque hace pensar en un diseño intencional –con propósito (la vida, el hombre)-- en los sucesos cosmológicos, algo que inquieta enormemente a aquellos que no pueden aceptar nada más que lo material filtrado por la física como la única realidad. Pero, a pesar de argumentos que procuran difuminar esta observación, o intentan implantar una visión probabilística de los acontecimientos físicos para relativizar las constantes, el Principio tiene peso y no resulta sencillo ignorarlo o negarlo. Porque la pregunta primaria permanece: ¿por qué las leyes fundamentales de la física y sus constantes toman la forma que observamos, y no otras? Y al final de cuentas, este es el mundo actual –real-- en donde tenemos vida, conciencia e inteligencia para observar el universo, pensar y formular teorías acerca de lo que nos rodea. Quizás no somos el centro del universo, pero somos la conciencia que lo refleja y lo piensa, y si no fuera por las formas y constantes físicas, simplemente no estaríamos aquí; no existiría el cosmos, o tal vez solo para Dios. Pero ni siquiera esa posibilidad tiene sentido. El Principio Antrópico no puede relativizarse.

La Teoría de la inflación, o inflacionista, cósmica fue propuesta inicialmente por Alan Guth (5) en 1979, y ha sido modificada posteriormente. Esta teoría, de la cual hay varias versiones, postula que se generaron 'campos de 'Inflatón' en los primeros segmentos de segundo que siguieron al Big Bang, produciendo una expansión exponencial (de un factor al menos de 10, elevado a 30) por un ínfimo tiempo, a esta tremenda expansión siguió un período de estabilidad y enfriamiento que generó burbujas y vacíos que dieron paso a nuestro universo. Una variación de esta Teoría de la inflación postula que la expansión continúa avanzando más allá de lo nuestro, dejando nuevas áreas en calma en los que emergen otros universos, que no se interfieren porque el proceso de inflación –expansión-- continúa indefinidamente.

Naturalmente esta es una compleja e intrincada teoría que intenta explicar, entre otras cosas, la homogeneidad de nuestro universo y las radiaciones cósmicas de fondo, pero no todos los físicos concuerdan con las explicaciones, además muchos físicos dudan de que los campos de Inflatón fueran capaces de generar la inflación descrita, sin recurrir a otros supuestos de condiciones iniciales muy específicas. La teoría no resuelve entonces el problema de la calibración estrecha de las leyes físicas del universo que motiva en buena parte su formulación. La teoría se considera especulativa, porque de partida no se ha observado nunca un campo de Inflatón, y la energía envuelta en el proceso es tan enorme que no hay teorías físicas robustas para ese rango de energía. Además, el conocido físico matemático Roger Penrose concluye al revisar la Teoría de la inflación señalando que, obtener un universo no curvo, plano, homogéneo es mucho más probable sin inflación que con inflación (6:15-25). Como sucede en ciencia y, particularmente en las zonas fronterizas del saber, la teoría es altamente debatible en su efectividad explicativa, con supuestos gratuitos de la singularidad (ver más adelante) inicial desde donde todo comienza con el Big Bang.

Para los fines de este trabajo aunque esta teoría, y sus variantes, explicaran de algún modo aspectos de nuestro universo observable, en algunas de sus variantes, abre un espacio de un creciente número de nuevos universos, obviamente imposibles de observar, solo imaginables con nuestra creativa imaginación matemática. Además, la teoría postula una energía inextinguible en esta expansión interminable, algo que colinda con lo mitológico. Una teoría esencialmente especulativa.

La idea de universos múltiples ha ganado momento en la física contemporánea, existen numerosas variaciones en las teorías cosmológicas que intentan presentar esta posibilidad, que por definición es inverificable. La proposición de múltiples universos, supuestamente producto de las fluctuaciones al azar del vacío cuántico en el Big Bang, forma universos con un espectro de posibilidades prácticamente infinito, con leyes y constantes físicas, iguales o diferentes; universos fantasiosos, sin ninguna conexión 5 con la experiencia, e, incluso, más probables de ocurrir que nuestro propio universo. (1:508)

Berlinski (3:97-100) explica que la mecánica cuántica tradicional evalúa la conducta de las partículas subatómicas mostrando que fundamentalmente no son partículas como tales, sino más bien una mancha u onda de probabilidades. En la mecánica cuántica cosmológica, las partículas simplemente desaparecen, igualmente la fórmula clásica de la mecánica cuántica de Schrödinger, queda sí, una onda de función, no ya de electrones potenciales sino, más o menos, de posibles universos, operando también en términos de probabilidades; se trata de un quantum vacuum, un mar indeterminado de potencialidad. En la versión clásica, al intervenir el físico para observar (medir) los posibles electrones, se colapsa la onda, desaparece la indeterminación, y se muestra el electrón. En la versión cosmológica, pues no hay físico que pueda intervenir, ni tampoco mundo en que viva el físico (se está considerando el comienzo mismo del universo), el colapso de la onda genera dos o más universos. La onda de función de universo no se puede ver, medir, evaluar o someter a pruebas, es simplemente un constructo teórico. La teoría se elabora comenzando del estado cuántico de la materia en el momento actual, se sigue el 'tiempo' en sentido inverso, hacia atrás; con la Teoría General de la Relatividad el tiempo en nuestro universo tiene una dirección invariable.

Al llegar a los comienzos del universo, naturalmente el tiempo cambia (el tiempo como lo conocemos aparece con la materia generada), ya no se trata más de un continuo ordenado. Berlinski cuando comenta y critica esta tesis iniciada por Stephen Hawking (6), explica que el tiempo a ese nivel no puede ya describirse con números ordinales, y los números imaginarios de los que habla Hawking, corresponden a los números complejos que son objetos matemáticos bien definidos que se refieren más o menos a pares de puntos en un plano. Estos números no están ordenados, no van a ninguna parte; el tiempo se detiene, no hay un antes ni un después. De esta manera, en la Teoría Cosmológica no se alcanza nunca la extraña singularidad inicial que postula la teoría del Big Bang al comienzo del universo. (En astrofísica, singularidad se refiere a un punto en que el campo gravitacional se convierte en infinito, alcanzando la materia una densidad infinita y un volumen infinitesimal, con la consecuente distorsión infinita del tiempo y del espacio.) Con la teoría cuántica cosmológica desaparece la singularidad, punto de partida del Big Bang, y el comienzo de todo queda reducido a una especie de fondo de saco de la onda (incluyendo el tiempo y el espacio) suspendido en el vacío; desde este mini universo emerge el universo o los universos múltiples, naciendo prácticamente de nada. Estas teorías están constantemente sometidas a modificaciones y son obviamente sumamente complejas, usando gran sofisticación en la creatividad matemática para avanzar supuestos y garantizar ciertos resultados. Para algunos observadores, la física cosmológica ha dado paso a la matemática cosmológica, a una metafísica cuántica, alejada del mundo cotidiano y de la experiencia. Se trata de una visión claramente anti-intuitiva que no responde a preguntas fundamentales, como es el origen de todos los elementos físicos aludidos, para no mencionar la idea de 'vacío' que lo rodea todo. La aceptación de estas hipótesis especulativas requiere una fuerte dosis de credulidad y participación en las metas ideológicas que las alimentan.

Los universos fabricados por estas teorías están basadas en variados supuestos --convenientes y antojadizos--, para satisfacer ciertos fines, entre otros, y en forma importante: aumentar el espacio –recurso- de posibilidades para utilizar la Teoría de las probabilidades para diluir lo especial que implica el Principio Antrópico y la aparición de estructuras proteicas complejas al comienzo de la vida en el planeta.

De acuerdo al cálculo matemático de la teoría de las probabilidades, no existen en el universo, ni las posibilidades necesarias, ni la edad suficiente del universo desde el Big Bang para que el juego del supuesto de azar/necesidad de las leyes naturales que rigen los elementos químicos pertinentes ('supuesto' azar, puesto que si nos fiamos del determinismo de la física no-cuántica, el mundo se mueve por causa-efecto desde su comienzo, no hay cabida para el azar), den cuenta de la aparición de las estructuras proteicas del ADN (ácido desoxiribonucleico), y otras (además del Principio Antrópico), fundamentales para la aparición de la vida; la probabilidad de que esto ocurra es prácticamente inexistente. Con el advenimiento de las teorías físico-matemáticas de universos múltiples que alcanzan un número muy elevado y, hasta infinito, las probabilidades que una estructura proteica compleja ocurra por el solo azar?/necesidad aumentan hasta hacerse inevitables con el infinito número de intentos que significa el multiuniverso. Nuestro universo es el premiado con el Principio Antrópico y la vida, los otros, bueno, se suponen perdedores en este juego de probabilidades (aunque en el infinito caben muchas cosas). La aplicación de la teoría de las probabilidades a situaciones concretas requiere cuidado. Lo que es improbable en un corto tiempo, se vuelve probable, en un tiempo prolongado e inevitable si nos acercamos a lo infinito.

Sin embargo, si imaginamos un chimpancé tecleando una computadora, difícilmente podremos esperar que escriba un capítulo del Quijote, ni siquiera con tiempo 'cercano', por decirlo así, al infinito. El infinito es una abstracción que soluciona lo concretamente imposible. La abstracción de universos múltiples infinitos hace todo posible, lo 'cercano' al infinito, es otra cosa.

Si realmente se tomaran en serio las tesis de los universos múltiples, abriendo un espacio de infinitas probabilidades, crearían un problema epistemológico radical, pues con ellas se podría dar cuenta de todo, no solo de lo obvio y lo posible, sino también, de lo imposible en nuestro universo. Al explicarlo todo, se pierde la racionalidad científica, y se entra a un ambiente de antojos y supuestos. (1:507) Nada es definitivamente 'válido' en este espectro de infinitas posibilidades, y así irónicamente tampoco es válida la tesis físico-matemática de los universos múltiples que es diluida en este paisaje de universos múltiples posibles; en otras palabras, pierde su carácter absoluto, se transforma en relativa –podría ser de otra manera--, cae en la incoherencia, y se anula su poder predictivo.

Es en verdad imposible imaginar cómo del enigmático, anti intuitivo y matematizado ambiente quántico del estudio de la materia y del origen del cosmos pueda surgir la vida en el planeta, el mundo físico ordenado que nos rodea, las consideraciones morales, la estructuración social, y lo más básico, la conciencia, el entendimiento y la vida psicológica de los seres humanos. Entre las características atribuidas a la materia en su más profunda expresión, y la riqueza y diversidad de matices de nuestra vida -desde la cual pensamos y investigamos afanados por entender las circunstancias en las que nos encontramos sumergidos-, se presenta una profunda y misteriosa hendidura. La ciencia físico-matemática ha logrado reducir a un conjunto de leyes y teorías fundamentales las leyes que parecen gobernar el comportamiento de todos los tipos de materia y energía conocidos, pero no ha sido capaz de conseguir una teoría unitaria, una 'teoría del todo', que unifique todas esas tesis fundamentales, ni siquiera acerca del comportamiento de la materia/energía en el universo, ni menos incluyendo el mundo humano cotidiano desde las que estas se generan. A pesar de las impenetrables limitaciones encontradas en física y cosmología, todavía hay científicos que se obstinan en elaborar una tesis única y radical en física que dé cuenta de todo lo que existe en este mundo, sin querer percatarse que, en el mejor de los casos, las fórmulas matemáticas y las leyes físicas naturales, por sofisticadas que fuesen no serían capaces de ofrecer un entendimiento satisfactorio del fenómeno humano, ni de las necesidades más profundas de su existencia.

Sin duda la ciencia y la creatividad humana no pueden ni deben detenerse en la prosecución del entendimiento del mundo en que vivimos, sin embargo es menester conservar, no sólo el entusiasmo y el optimismo en la actividad científica, sino también la modestia y el buen sentido para reconocer cuando termina el conocimiento científico y comienza la especulación exasperada -aunque sea nítidamente matemática. Una tendencia que se realiza particularmente allí donde la experimentación y el cotejo (directo o indirecto) con la evidencia --requisitos de la ciencia--, no son posibles; y es alentada más, por prejuicios ideológicos que por el ansia legítima del verdadero conocer. Esta frontera no es fácil de trazar, pero es inevitable hacerlo, aunque sea en forma borrosa, si se quiere preservar la idoneidad de la ciencia y la sana sensatez. Berlinski (3:218) al revisar las conjeturas hiperbólicas de la cosmología cuántica, nos dice: "Si la ciencia en el siglo veinte ha demostrado algo, es que hay límites a lo que podemos conocer."

Supuestos metafísicos de las ciencias naturales

Varias cuestiones epistemológicas surgen ante las dificultades, paradojas y controversias nacidas en la zona fronteriza entre lo que la ciencia física --y otras ciencias, particularmente la biología--, pueden afirmar con coherencia factual, y la especulación desmedida. Si se acepta el materialismo-naturalismo como fundamento metafísico exclusivo de las ciencias de la naturaleza y, el Naturalismo metodológico como un dogma, se corre el riesgo --como de hecho sucede--, que ante problemas insolubles se insista al punto de caer en especulaciones absurdas e inverificables que se toman como artículo de fe (3).

El materialismo es una doctrina filosófica que sostiene que lo único que existe en el mundo es la materia, esto es en otros términos, la materia es la única sustancia real. Todo en el universo encuentra su sostén en la materia, incluso la conciencia. El materialismo descarta la existencia independiente de lo mental y de lo espiritual; el materialismo se perfila como tal, frente a la tesis filosófica opuesta, el idealismo, y también a las combinaciones del dualismo y pluralismos. Con el advenimiento de las ciencias naturales modernas, particularmente la física, el materialismo tradicional ha tomado expresiones científicas, por ejemplo, enfatizando más la energía que la materia, en estos casos se habla a menudo de fisicalismo.

Naturalmente, el materialismo toma diferentes modalidades según las concepciones de la materia por las distintas escuelas filosóficas. En nuestro tiempo el naturalismo metodológico (NM), inspirado filosóficamente en el naturalismo metafísico, una forma de materialismo, se impone como la metodología científica de las ciencias naturales. El naturalismo metafísico sostiene que nuestro universo material es plenamente objetivo y regido por sus propios principios, nada ocurre, ni puede ocurrir en forma sobrenatural. Concebida así la realidad, el NM consecuentemente postula que todo acontecer natural es susceptible de ser estudiado y comprendido por las ciencias de la naturaleza, siguiendo las leyes que impregnan la materia/energía; el recurso a lo sobrenatural no tiene cabida en la ciencia; para esta tesis, lo sobrenatural está fuera del alcance del hombre. El NM se refiere exclusivamente a los procedimientos científicos, un modo de adquirir conocimientos; no afirma ni niega la existencia de Dios, pero encuentra apoyo implícito en el naturalismo metafísico. Sin embargo, e irónicamente, la historia del NM hunde raíces en la Edad Media, cuando los pensadores cristianos enfatizaban la búsqueda de explicaciones naturales a los fenómenos de la naturaleza, sin negar, por supuesto, la obra de Dios y los milagros. La imposición ideológica del naturalismo metodológico vigente en nuestro tiempo, es entre otros factores, producto cultural de la influencia ideológica del racionalismo ilustrado, y del éxito de las ciencias naturales en los últimos siglos. El NM se ha convertido en la regla dura para la práctica de las ciencias. Con frecuencia el naturalismo se asocia con el cientifismo que sostiene que el único conocimiento verdadero es el científico. Algunas variantes del naturalismo aceptan la posibilidad de la existencia de Dios, pero un dios que no actúa, ni interviene en el mundo. (7)

Con estos principios ideológicos sustentando la legitimidad de la ciencia, el aceptar límites y áreas inaccesibles a su avance, no es tarea viable para los científicos y epistemólogos inmersos en estas ideologías. El aceptar fronteras en el conocimiento factible de las ciencias, significa dejar al ser humano abierto a otros modos de resolver los profundos misterios del mundo y de la vida, menoscabando así, la pretensión de poseer la ciencia el conocimiento por excelencia, y el camino primario y, para muchos, único, para conocer la realidad que vivimos. Todo otro saber es relegado a un grado secundario y en muchas ocasiones a la mera credulidad. Ilustra este sentir estas citas de Mario Bunge (8. 9:21. 10:9): "el naturalismo es un aspecto de la objetividad que tendrían en común el buen sentido y la ciencia."; "el materialismo no es una ontología entre otras, sino la ontología de la ciencia y de la técnica."

Metodología en las ciencias del origen o históricas

Meyer (1. 2) explica el procedimiento metodológico utilizado por las ciencias del origen, ya que su tesis de DI es acerca del origen de la información biológica digital en las estructuras proteicas de la célula originaria en el planeta. Para este propósito cita al filósofo de las ciencias americano, Peter Lipton (Inference to the Best Explanation. London and New York: Routledge, 1991.) Este filósofo consideró que el criterio de "falsación" establecido por Karl Popper era demasiado estrecho para satisfacer las necesidades epistemológicas de muchas ramas de las ciencias. Popper (11:39) propuso que para que una teoría sea científica debería ser: "capaz de entrar en conflicto con observaciones posibles o concebibles." Para satisfacer este requisito, los científicos debían extraer consecuencias (en el futuro) de la teoría propuesta y realizar experimentación rigurosa para comprobar su ocurrencia. Si los experimentos confirman las predicciones derivadas de la teoría, ésta se considera "confirmada"; no se habla de teoría "verificada". Si los experimentos no materializan las predicciones -si la investigación ha sido bien realizada y descartada la posible interferencia de otros factores-, la teoría es "falseada". Este criterio se postuló para trazar la línea de separación entre las ciencias empíricas y otros tipos de teorías que se presentan sin la posibilidad de ser falseadas (metafísicas, religiosas, pseudociencias, etc.). Pero este criterio ha sido criticado desde muchos ángulos; por ejemplo, se pueden considerar como científicas proposiciones poco serias por el solo hecho de que pueden ser falseadas, y proposiciones hechas por astrólogos (astrología no se considera ciencia) pueden ser 'confirmadas". Además ciertas proposiciones científicas pueden ser falseadas, y la teoría general de la que se desprenden, continuar vigente.

Pero lo relevante para este trabajo es que el criterio ciencia de Popper, y otras concepciones de lo que son las teorías científicas 'legítimas', no corresponden exactamente con las teorías elaboradas en las ciencias del origen. Los científicos del origen, proponen teorías, no en base a sus predicciones sino más bien por el poder explicativo que posen para los datos actuales que se tratan de entender científicamente. Meyer lo describe así, las: "teorías científicas históricas típicamente explican los eventos después de realizados (miran a eventos ocurridos en el pasado), y pueden ser probadas comparando el poder explicativo con las de sus competidores." (1;Notas:7,23:522) Lipton señaló que el poder explicativo de una teoría es más importante que su poder predictivo. Pero es necesario especificar qué es lo que se entiende por explicación; una explicación puede ser satisfactoria o mediocre, con sentido para unos o inaceptable para otros. Lipton piensa que para los científicos las mejores explicaciones son típicamente causales. Un evento actual o pasado, puede tener numerosas causas posibles, pero para Lipton en esta cadena de causas que se consideran, hay causas que hacen la diferencia, esto es, explican mejor el evento en cuestión, y de estas causas hay unas mejores que otras. Pero en el mejor de los casos, la mejor explicación no es necesariamente correcta.

Lipton no especifica el criterio para decidir cuál es la más apropiada de las posibles causas para explicar el fenómeno que se estudia. Meyer (1:159) señala que los científicos trabajando con ciencias del origen usan el criterio de "causa adecuada" para seleccionar la mejor explicación. Pero para usar este criterio se exige que se sepa que las causas consideradas tienen el poder real para producir el efecto, el rasgo, el evento al que se le busca explicación. De esa 'causa adecuada' considerada, se debe tener, en el momento actual, la experiencia del poder de la causalidad atribuida, solo así se le considera causa adecuada propiamente tal, para la mejor explicación posible. Meyer menciona que Charles Lyell –geólogo inglés del siglo XIX- fue uno de los primeros científicos en utilizar esta metodología; el subtítulo de su obra Principles lo resume: Beeing and Attempt to Explain the Former Changes of the Earth Surface, by Reference to Causes Now in Operation; este principio se denominó "uniformitarianisn" ('uniformetarianismo'). El pensamiento de Lyell influyó a Charles Darwin, que adoptó esta metodología requiriendo que para explicar eventos pasados, el científico debe identificar causas establecidas –conocidas--, que provocan el efecto buscado, una vera causa (como lo llamó Darwin), una causa actual. Y Darwin apeló a este principio cuando argumentó que las variaciones observadas en animales domésticos y seleccionadas (selección artificial) por criadores (produciendo una microevolución), podía explicar el origen de nuevas formas en el pasado. Estas variaciones en el curso de largo tiempo, bajo la selección natural, generarían el cambio de las especies (macroevolución). Para Darwin la selección natural era una "causa adecuada", probada en el presente. (1:159-161)

Si los científicos no pueden encontrar una causa única (la unicidad de la causa maximiza el éxito de la inferencia de la mejor explicación) que pueda explicar el hecho estudiado (actual), se recurre a explorar hechos relacionados al evento actual al que se quiere explicar su origen. De este modo se puede encontrar que, de las posibles causas consideradas para explicar el hecho actual aisladamente, no todas tienen el poder explicativo para dar cuenta de esos eventos relacionados. Así se puede lograr una causa adecuada que explique el hecho primario estudiado, y también los eventos secundarios que lo acompañan. (1:161-166)

A la causa adecuada se agrega otro importante requisito, que esa causa adecuada haya estado presente en el pasado para generar el evento estudiado al que se quiere explicar su origen. En otras palabras, que no sea solo una causa adecuada (hecho/evento) posible, sino que concretamente haya existido (ocurrido) para explicar el origen del evento o hecho estudiado. La existencia de esa causa adecuada se acepta cuando solo hay una posible causa que explique el hecho actual [considérese el descubrimiento de un escrito en una caverna, la única explicación plausible: presencia de un ser humano], y también cuando una posible causa explica el hecho actual y otros eventos agregados actuales. (1:166-168) Este requisito limita la especulación, asegurando que se establezca una causa adecuada con el rigor requerido. Ambos criterios están ligados (adecuación causal actual y presencia de esa causa en el pasado).

La determinación de la causa adecuada requiere un esfuerzo consciente para eliminar cualquier otra posible causa que pueda explicar el hecho/evento que se estudia. Esta metodología, al igual que la inducción, no tiene carácter absoluto, siempre cabe la posibilidad de que surja una explicación diferente, por muy baja que sea esta posibilidad. Meyer sostiene que: "Cuando los científicos pueden inferir una causa única plausible, pueden evitar la falacia de afirmar el consecuente---el error de ignorar otras posibles causas con el poder de producir el mismo efecto." (1:161)

El procedimiento metodológico de la 'inferencia a la mejor explicación' es empleado particularmente en las ciencias de los orígenes, la ciencia de los acontecimientos pasados; la experimentación a este nivel originario es naturalmente imposible (1;c7). Pero el uso de este procedimiento no está limitado a solo a estas ciencias, también se emplea en física teórica, psicología, psiquiatría, clínica médica, ciencias forenses, etc.

Ampliación de los supuestos metafísicos de las ciencias naturales

El NM de las ciencias ha sido enfrentado en los últimos lustros por el movimiento conocido como Diseño Inteligente que incorpora al cuerpo de las ciencias una dimensión no materialista, un agente inteligente responsable directo de fenómenos naturales imposibles de explicar siguiendo las leyes de la naturaleza. La idea de diseño en la naturaleza no es nueva en ciencia, y en filosofía tiene siglos –milenios—de existencia, pero por muchos decenios quedó sumergida, cubierta por el avance avasallador de la concepción materialista-naturalista de la ciencia moderna. Basta recordar que la idea griega de un universo ordenado: cosmos, no caótico, sino racional, abalado posteriormente por la racionalidad de Dios y de su Creación en el pensamiento judeo-cristiano en la Edad Media, sirvió de firme y confiable base –supuesto- para el desarrollo progresivo de la ciencia en el mundo occidental. El mundo inteligible –racional-- creado por Dios, en suprema libertad, le otorga además contingencia, puesto que las cosas se pueden ordenar de muchas maneras diversas. Esta combinación de características del mundo,--racionalidad y contingencia--, impulsa la observación y la actividad científica para explorar y conocer la Creación de Dios, tal como éste la ha creado. De este modo, se abandona la concepción griega del mundo ordenado lógicamente a partir de primeros principios, y susceptible por tanto de ser conocido teóricamente por simple deducción de esos principios básicos (actividad meramente teórica sin base observacional, ni experimental); una actividad 'científica' de escritorio. (1:135-147)

En biología, Stephen Meyer (1. 2), propone la tesis del DI para explicar el misterio que rodea el origen de la información contenida en el ADN de la primera célula viva en el planeta -imposible de explicar como resultado de la simple evolución físico-química, un proceso que envuelve la necesidad de las leyes físicas, y el supuesto azar de los resultados. Meyer también revisa los infructuosos esfuerzos realizados por el neodarwinismo para explicar las estructuras proteicas complejas de la célula (2). Es interesante mencionar el esfuerzo realizado en este sentido por Eugene Koonin del National Center for Biotechnology Information (NCBI) de los Institutos Nacionales de Salud, USA. En un intento por encontrar probabilidades a la aparición fortuita de ARN (ácido ribonucleico) para la formación de ADN en nuestro mundo, Koonin adscribe a la Teoría de la inflación por campos de Inflatón con generación de universos múltiples. (12, 13) Pero como hemos visto, las teorías de universos múltiples son muy controvertidas, especulativas y sin posibilidades de verificación por definición. La hipótesis de campos de Inflatón, invoca una entidad abstracta de poderes causales jamás observados ni demostrados. Se trata de una elaboración teórica forzada con diversos supuestos y con la necesaria presencia de condiciones físicas finamente calibradas para hacer calzar la teoría Inflacionaria con la teoría general de la relatividad y poder dar cuenta de algunas observaciones de nuestro universo: homogeneidad, radiación cósmica de fondo, y otras, incluyendo la emergencia de la información biológica.

Pero, como hay diversas variaciones y modelos Inflacionarios, la tesis de Koonin, tiene que seleccionar aquel que posibilita un multiuniverso con posibilidades de emergencia de vida: el nuestro que tenemos de hecho. Ya en este proceso hay una intervención inteligente por el científico, esta selección refleja, S. Meyer (1. 2) revisa en detalle los infructuosos esfuerzos, teóricos y de investigación, realizados para sustanciar las teorías materialistas, particularmente el neo-darwinismo, como explicativas de la complejidad especifica encontrada en biología, especialmente la información encerrada en la cadena del ADN y otras aéreas de la célula. Esta es una revisión extensa y técnica, el lector interesado por estos estudios es referido a las referencias mencionadas.
además, condiciones iniciales de la singularidad inicial del Bin Bang. Las condiciones estrictamente calibradas que se exigen para que el proceso inflacionario ocurra como se quiere, implican de partida una información específica, una información a nivel cósmico.

Koonin en su afán por encontrar universos múltiples que expliquen la aparición de la información biológica (ADN) en la Tierra, implanta un problema de información absolutamente necesaria en el seno mismo de su tesis. (1:505-507. 14)

Objeciones al Diseño Inteligente

Meyer propone que la aparición de la información biológica en los seres vivos se debe a la acción de un agente –mente-inteligente. Los opositores a la idea de diseño en la naturaleza argumentan que la tesis propuesta no es científica. Sin embargo, la proposición de Meyer del DI en la aparición de la información digital en los organismos vivos se plantea como una hipótesis, siguiendo el proceso habitual de la lógica del procedimiento científico, 'la inferencia a la mejor explicación posible'. No hay explicación plausible naturalista del origen de la información biológica, base de la vida en el planeta, los intentos experimentales y los análisis probabilísticos de que esta información aparezca solo en base a las leyes naturales que rigen las interacciones de los elementos químicos es insignificante, básicamente imposible. Pero, sí hay evidencia clara de que toda información conocida por el hombre es producto exclusivo de una mente inteligente; se satisface así el requerimiento del uniformitarianisn" ('uniformetarianismo'), evidencia actual de la causalidad de una mente inteligente en generar información. La hipótesis propuesta por Meyer corresponde adecuadamente a la metodología de las ciencias del origen. (2:382-390)

También se objeta que en la propuesta del DI no se mencionan leyes naturales, a lo que Meyer (1:419-420) responde que en las ciencias históricas no basta conocer las leyes naturales en sí, hay que conocer los eventos, las circunstancias --regidas por leyes naturales--, que dieron origen al fenómeno estudiado. Meyer piensa que los eventos y circunstancias tienen un papel primario en cuanto a poder explicativo en las ciencias históricas, más que las leyes naturales. Este autor sostiene que muchos científicos solo nombran los eventos y circunstancias sin mencionar las leyes naturales –o sin conocerlas.

(Por ejemplo, Darwin propuso la teoría de la selección natural operando sobre las variaciones espontáneas, sin conocer las leyes naturales que rigen la herencia). En el caso del DI, Meyer sostiene que la hipótesis menciona un evento 'mental' como explicativo de la aparición de las estructuras moleculares biológicas que portan información, y por tanto calificaría como legítimamente científica, al igual que otras teorías no disputadas. (Tampoco se sabe en verdad como la mente humana está conectada con la materia cerebral.) Meyer (1:419) comenta además que las explicaciones que apelan a las leyes naturales son en su mayoría, meramente descriptivas; no explican el fenómeno, por qué ocurre lo que ocurre. Habría que agregar, que tampoco se explica por qué las leyes naturales son como son, ni de dónde vienen en última instancia. Su poder explicativo es limitado.

Pero los críticos del DI argumentan además, que la tesis no es posible verificarla, y por tanto no tiene cabida en el ámbito científico. Pero Meyer señala (1; Appendix A:481), es el 'poder explicativo' de una tesis –dar cuenta de los datos conocidos disponibles-, lo que permite aprobarla frente a otras tesis competitivas, un procedimiento habitual en la metodología de las ciencias del origen. Y el DI explica bien la información como producto de una inteligencia; en este sentido es interesante constatar que la información digital biológica posee dos rasgos que se dan claramente en la información generada por la inteligencia humana: es funcionalmente especificada para realizar una función, y constituye un sistema funcionalmente integrado para procesar esa información en forma adecuada. (1:457)

Además, se critica, que esta tesis no genera o estimula investigaciones para abrir nuevas betas de conocimiento, a lo que Meyer responde que de la tesis del DI se desprenden diversas implicaciones, como el 'predecir' la estructura, organización y lógica funcional de los seres vivos, y muy particularmente, por lo importante y significativo, ha sido su predicción de que las secciones 'basura' del ADN –sin función codificadora de proteínas--, por ser diseñadas tendrían que poseer alguna función, entonces desconocida.

La presencia del ADN 'basura' se consideraba una prueba de la teoría evolutiva, con el supuesto de que la milenaria historia de mutaciones habría producido resultados funcionales, y acumulado los productos sin función (secciones basura del ADN). Sin embargo, las investigaciones realizadas bajo el acicate de las predicciones del DI han mostrado fehacientemente que este ADN 'basura' posee 14 numerosas e importantes funciones, como nada menos que regular al ADN funcional (1: 346-347; 406-407). Las predicciones desprendidas de la tesis del DI pueden explicar los datos disponibles y, además, estimular investigaciones en direcciones distintas a las sugeridas por tesis competitivas, incluso distintas hipótesis de DI pueden competir y generar investigaciones para demostrar su mérito.

Pero aún siguiendo la metodología de las ciencias del origen y de generar investigaciones fructíferas, se rechaza la idea básica de DI catalogándolo pertinazmente de ser una proposición no científica, imputándole que sus teorías no corresponden a la definición de ciencia. Pero una rápida revisión de este tema epistemológico muestra que en rigor no hay una definición clara de ciencia en base a un grupo determinado de procedimientos metodológicos que pueda aplicarse indistintamente a las diversas disciplinas científicas. Cuando se trata de formular una definición general y rigurosa de ciencia, surgen numerosas dificultades, eliminándose numerosas teorías reconocidas como científicas si la definición se hace muy estrecha.

El tema de la 'demarcación' de la definición de ciencia es tan complejo y difícil de obtener que muchos filósofos de las ciencias coinciden con Larry Laudan (15:210) que afirma: "No existe una línea de demarcación entre ciencia y no ciencia, o entre ciencia y pseudociencia, que logre aceptación de la mayoría de los filósofos." El problema de demarcación de las fronteras de la ciencia es, en el mejor de los casos, polémico y controversial entre los epistemólogos. En lo que se refiere a los científicos, estos parecen estar bajo la influencia de los filósofos, o simplemente siguen una pauta más bien intuitiva de lo que significa hacer ciencia, y naturalmente no están exentos del peligro de olvidar la referencia a las 'evidencias', y al buen sentido.

Una definición general de ciencia, amplia y poco útil es la ofrecida por SO Hansson (16:15): "Ciencia es una búsqueda sistemática de conocimiento cuya validez no depende de un individuo particular, sino que está abierta a cualquiera para constatar o redescubrir." Obviamente no elimina la propuesta de Meyer.

En defensa del Diseño Inteligente.

Parece claro que no se puede rechazar el DI en ciencia, apelando a falta de adecuación a la metodología científica, ni tampoco arguyendo una clara definición general de ciencia que lo excluya. El problema del rechazo del DI radica a otro nivel.

Esto se hace claro por ejemplo cuando se exige cumplir con una definición de ciencia que requiere el criterio de "observación' de lo propuesto (que la causa adecuada propuesta sea observable). Meyer argumenta que este requerimiento no solo eliminaría la tesis del ID, sino también las tesis materialistas de la aparición de la información biológica, y también aspectos teóricos de otras ciencias, incluyendo la física actual; hay un número considerable de 'entes causales' propuestos por la física y otras ciencias que no son observables, baste mencionar las partículas subatómicas. Pero en este punto es importante notar que las ciencias naturales que invocan causas no observables en sus teorías, estas ocurren y derivan de circunstancias insertadas en el mundo actual; son intramundanas. En cambio, invocar un agente inteligente al comienzo de la vida en el planeta, como lo hace el ID significa invocar un ser sobrenatural que interviene en los procesos naturales, además con una acción ajena a 15 las leyes naturales, esto constituye una clara infracción del dogma del Naturalismo Metodológico (NM). Es simplemente imposible concebir pruebas -directas o indirectas—, para no mencionar 'observación', realizables en un espacio sobrenatural para confirmar esta fuente de diseño. Es importante agregar, y aclarar, que la tesis del DI no postula una deidad omnipotente capaz de intervenir de cualquier modo en el mundo natural, sino que específicamente la teoría se limita a proponer como la mejor inferencia, el diseño biológico de información específica por un agente inteligente, basándose en la estructura conocida en este mundo de causa-y-efecto instanciado en que todo sistema de proceso de información, compleja y funcionalmente integrada conocido, es generada exclusivamente por una inteligencia. De este modo, la teoría del DI sería falseable, si esta base se prueba errónea. (1:N,41:554. 2:391-403) Es la incorporación de un agente 'no natural' en la explicación científica lo que provoca el rechazo del DI por un sector de científicos e intelectuales; se rompe el canon establecido por el NM. Este rechazo se puede describir como ideológico, simplemente para esta ideología, no cabe otra cosa en el mundo más que la materia y sus leyes naturales, y por tanto no vale otro tipo de explicaciones ajenas a este supuesto metafísico/metodo- lógico.

Sin duda las ciencias naturales con los supuestos señalados operan con éxito en la descripción y manejo del mundo que nos rodea, sus logros son impresionantes y sus proyecciones prácticas y tecnológicas admirables y útiles. Pero su conocimiento tiene obvios límites, limites que emergen muy claramente en el seno mismo de su actividad, cuando profundizan en la comprensión de lo que es la materia, en la búsqueda del origen del universo, de la vida y de la conciencia, y cuando se enfrentan a los misterios de la vida humana, su sentido, los estados psicológicos, el entendimiento, el amor, la lealtad y muchos otros aspectos que escapan a sus posibilidades. No es sorprendente entonces, que los hombres se hayan abierto –y continúen abiertos-- a otras dimensiones de la comprensión humana, más allá de las que otorga la experiencia inmediata con las cosas, su observación y manejo, de la cual la ciencia es su expresión más rigurosa y refinada, ahora encapsulada en supuestos metafísicos/metodológicos rígidos y reduccionistas.

La tesis del DI explica mucho mejor la aparición de la información digital en biología que las tesis materialistas (por ejemplo la evolución química), sin embargo no es aceptada por recurrir a una causa sobrenatural. Además genera investigaciones empíricas que arrojan resultados plenamente aceptados como válidos. Se puede argumentar entonces, que aunque se recurra a explicaciones consideradas sobrenaturales es perfectamente posible elaborar las consecuencias de la teoría en forma empírica y contribuir al conocimiento científico. A este respecto el filósofo de las ciencias P. Kitcher (17:125-127) escribe: "Aún postular un Creador no observable no es más no-científica que postular partículas no observables. Lo que importa es la característica de las propuestas y el modo que ellas son articuladas y defendidas." (Kitcher piensa que el Creacionismo fue refutado durante el siglo XIX. Hay que tener claro que el Creacionismo tradicional y el fundamentalista, y la tesis del DI como Stephen Meyer lo presenta, son cosas diferentes.)

El punto del rechazo de la tesis del ID es entonces esencialmente el recurrir a un agente inteligente como hipótesis científica, esto es, una ruptura con el naturalismo metodológico (NM), una incorporación de lo sobrenatural, y lo sobrenatural es considerado como el reino de las creencias y de la fe, no de la ciencia (esto en consonancia con el naturalismo metafísico). Pero no se necesita una reflexión demasiado profunda para constatar que el estilo de ciencia que se defiende, está
basado en supuestos metafísicos, y estos no son producto de la ciencia, ni siquiera de la observación; son ideologías que se 'creen' válidas (obviamente otros tiene creencias distintas). Se podría agregar defendiendo el NM, que la ciencia así concebida, posee una historia evidente de éxitos; pero, el ID comienza a mostrar resultados importantes, y solo tiene muy pocos años de desarrollo en el campo de la investigación científica contemporánea.

Aceptar la proposición de un agente pensante capaz de intervenir en los procesos del mundo, implicaría reconocer la validez y la relevancia de lo sobrenatural, y eso no es aceptable para la ciencia que intenta presentarse como objetiva, y neutra con respecto a temas metafísicos o teológicos. Pero como recién mencionado, eso no es efectivo, y además Meyer recalca que no se trata de introducir una religión ni un cuerpo de creencias, solo se limita a la proposición de una inteligencia, de un agente pensante al comienzo de la vida. El autor afirma claramente que la identidad y características que pudiera tener esta inteligencia no se pueden desprender, ni de la biología, ni del DI (1:439-442), aunque obviamente tiene implicaciones metafísicas; pero ese es terreno de otras disciplinas y de los sistemas de creencias. En todo caso, la ciencia ha de moverse no por las posibles implicaciones metafísicas, sino que fundamentalmente por las evidencias (referencias y logros empíricos) que apoyan las teorías propuestas (1:444-446).

Meyer (1:437) afirma que no hay una razón lógica que impida la presencia de un agente inteligente al comienzo de la vida en el planeta, solo una ideología. Este impedimento --la rigidez y reduccionismo del supuesto metafísico--, afecta primariamente a las ciencias históricas (cosmología, antropología, ciencias del origen de la vida, etc.), no a las ciencias que estudian las interacciones de eventos y fuerzas naturales; el DI no constituye una amenaza para el funcionamiento de la ciencia. Meyer (1:437) puntualiza que en el estudio del origen de la vida, la pregunta no es cuál escenario materialista es más adecuado para responder a esta cuestión, sino la pregunta básica es, qué causó la emergencia de la vida. Para contestar esta pregunta se debe incluir un espacio amplio de posibilidades, no sólo una cosmovisión materialista. La ideología materialista/naturalista normativa en ciencia impide explorar la tesis del DI, por lo que no se puede hablar en rigor de la mejor hipótesis, ni de lo más probablemente verdadero en las ciencias históricas, puesto que margina otras hipótesis explicativas.17

Comentario

El tema presentado en este artículo no solo tiene interés académico y cultural. Para las ciencias humanas, las perspectivas proyectadas desde las ciencias del origen de la vida tienen sin duda repercusiones teóricas y prácticas muy significativas. Un universo entendido científicamente como formado básicamente de materia y energía, que reduce la vida a la simple y 'casual' disposición e interrelación de partículas, constituye un ámbito desesperanzador y sombrío para la vida humana, su aceptación, su sentido personal y cósmico. El materialismo monista que ha predominado en los últimos siglos en la ciencia y cultura occidental ha desespiritualizado a la sociedad y a los hombres, y ha favorecido la emergencia de concepciones mecanicistas de la vida (teorías económicas, sociales, psicológicas, etc.). Si somos consecuentes tenemos que admitir que una concepción materialista/naturalista de la totalidad reduce todos los seres vivos a la condición de máquinas moleculares y sistemas mecanicistas que operan en base a leyes naturales de carácter físico-químico, emergiendo lo que llamamos 'vida', como un accidente 'casual' de esa actividad natural, como una cualidad 'emergente', algo que sucede sin poder explicarlo de modo satisfactorio. El alma de los seres orgánicos como hablaba Aristóteles, y más recientemente el vitalismo (fuerza vital o élan vital anima los seres orgánicos), ha sido desplazada para convertir a los seres vivos en simples autómatas. Un telón de fondo poco alentador en la faena de los profesionales que se esfuerzan en entender y proveer servicios a la comunidad de los seres humanos.

La perspectiva que abre el DI postulando en el origen de la vida, un agente pensante, consciente y personal, rompe la indiferencia mecánica y el sin sentido de la energía y sus manifestaciones. Una brecha por donde encontrar nuevamente el sentido de las funciones vitales y de la vida en general. Y como se ha mencionado, la tesis de este agente pensante del DI, se incorpora a la ciencia como hipótesis, explicando y generando investigaciones fructíferas, sin perturbar las áreas en que la ciencia mecanicista trabaja con éxito. Y como cualquier teoría, está sometida a revisiones de acuerdo al avance de la ciencia y del conocimiento.

A juzgar por el creciente empuje de científicos e intelectuales de abrir el espectro metafísico de las ciencias, se puede afirmar que el DI ha puesto el pie en el mundo de la ciencia. La enconada resistencia proviene de los que han tomado la ciencia en general, y específicamente el evolucionismo químico y neodarwiniano, en un intento de comprobar o confirmar 'científicamente' una ideología particular que presta apoyo a creencias personales, olvidando que estas creencias –cualquiera que sean—, no deben interferir en la actividad científica libre y abierta.

Una ciencia bien realizada, sin perder de vista el poder explicativo de las teorías aceptadas, con un productivo programa de investigación y con verificación directa o indirecta de esas teorías, aseguran una labor científica limpia y segura. El conocimiento 18 científico está siempre moviéndose y acomodándose a los requisitos exigidos por la constante actividad teórica y la incansable investigación. Las teorías vienen y van, por lo que empecinarse en una sola visión del mundo, en un solo grupo de teorías, negando apertura a nuevas posibilidades, alteran la dinámica y el poder cognitivo de las ciencias.

Como era de prever, este advenimiento epistemológico ocurre con encendida polémica que conduce a menudo a reacciones con distorsiones conceptuales y, hablando claro, también a omisiones y engaños por aquellos que intentan defender las teorías en boga. Se puede anticipar, que este clima de discusiones continuará por algún tiempo, hasta que la objetividad de las propuestas contendientes se aclare finalmente con documentada eficiencia de los acercamientos y teorías consideradas. Quizás también se podría prever que si se asientan supuestos metafísicos diferentes en la práctica de las ciencias, y con la debida tolerancia, se podría ver la emergencia de una sana y fructífera tensión entre teorías encontradas, para beneficio del conocimiento y del progreso de la ciencia. Alvin Plantinga (18) escribe respecto al ID: "...si se excluye lo sobrenatural de la ciencia, entonces, si el mundo o algún fenómeno dentro de él son causados en forma sobrenatural -como la mayoría de la población mundial cree—no es posible alcanzar esa verdad científicamente. La observación [dogmática] del naturalismo metodológico paraliza la ciencia, impidiéndole alcanzar lo que sería una verdad enormemente importante acerca del mundo."

Incorporar la idea de diseño en el mundo tiene implicaciones muy significativas no solo para las ciencias de la naturaleza, sino muy importantemente para las ciencias de los asuntos humanos, como: psicología, psiquiatría, sociología, economía, y por supuesto para la filosofía y ética. Una visión materialista-naturalista del mundo y del hombre conduce a un entendimiento mecanicista del ser humano, encerrándolo en un entramado de ciegas e insensibles leyes naturales, impotente e indiferente para captar la complejidad y riqueza de la vida humana, su existencia y su sentido.

BIBLIOGRAFÍA:

1. MEYER C, STEPHEN (2009). Signature in the Cell. DNA and the evidence for Intelligent Design. Harper One. An Imprint of Harper Collins Publishers.
2. MEYER C, STEPHEN (2013). Darwin's Doubt. Harper One.
3. BERLINSKI, DAVID (2009). The Devil's Delusion. Basic Books. A member of the Perseus Books Group New York.
4. Moreira, Marco Antonio (2009). El Modelo Estándar de la física de partículas. Revista Brasileña de Enseñanza de Física. http://www.if.ufrgs.br/~moreira/modeloestandar.pdf
5. Guth, Alen (1997). The Inflationary Universe: The Quest for a New Theory of Cosmic Origins. Perseus.
6. Hawking, Stephen (1988). A Brief History of Time. A Bantam Books Trade Paperback.
7. Wikipedia. The Free Encyclopedia. Naturalism (philosophy). http:// en.wikipedia.org/wiki/Naturalism_(philosophy)
8. ARTIGAS, MARIANO M. El principio de verificación empírica. http://dspace.unav.es/dspace/bitstream/10171/5950/1/MARIANO%20ARTIGAS%20MAYAYO.pdf
9. MARIO BUNGE (1976). La investigación científica. Ariel, Barcelona 1976. Citado en referencia #3:78.
10. MARIO, BUNGE, Materialismo y ciencia. Ariel, Barcelona 1981. Citado en referencia #3:78.
11. Popper, Karl (1962). Conjectures and refutations. The growth of scientific knowledge. New York:Basic Books.
12. Yuri I Wolf and Eugene V Koonin (2007) On the origin of the translation system and the genetic code in the RNA world by means of natural selection, exaptation, and subfunctionalization, Biol Direct. 2007; 2:14
13. Eugene V Koonin (2007) The cosmological model of eternal inflation and the transition from chance to biological evolution in the history of life, Biol Direct. 2007; 2: 15
14. Steinhardt, Paul J. (2011). "The inflation debate: Is the theory at the heart of modern cosmology deeply flawed?" Scientific American, April; pp. 18-25.

15. Laudan, Larry (1996). Beyond Positivism and Relativism: Theory, Method, and Evidence. Boulder Co.Westview. (Citado en ref. 6:400)
16. Sven Ove Hansson (2008). Science and Pseudo-Science. Stanford Encyclopedia of Philosophy. http://plato.stanford.edu/entries/pseudo-science/
17. Kitcher, Philip (1982). Abusing Science: The case against Creationism. Cambridge Ma: Mit Press.
18. Plantinga, Alvin (March 7, 2006). Whether ID is science isnt semantics. Science & Theology News. Archived from the original September 27, 2006. (citado en referencia # 15)
Octubre del 2013.

Apendice II

CIENCIAS EXPERIMENTALES, CIENCIAS HISTÓRICAS, Y DISEÑO INTELIGENTE.

NOTA INICIAL

Muchas personas piensan que los acontecimientos de la historia natural no están al alcance de la ciencia que trabaja con fenómenos actuales, observables, manipulables y repetibles. En cambio los hechos de tiempos pasados, particularmente aquellos que han sido únicos e imposibles de repetir, como son el origen de la vida en la Tierra, el inicio de nuestro universo, y muchos otros, no son ni observables, ni susceptibles de experimentación. Incluso, no faltan aquellos que aconsejan olvidarse del conocimiento 'científico' de estos sucesos pretéritos, para dejarlos solo susceptibles de una interpretación religiosa.

Esta concepción de las ciencias, tanto de las ciencias experimentales, como de las ciencias históricas, no es correcta, y refleja un reduccionismo estrecho y distorsionado del pensamiento y de la actividad científica, con el serio agravante de eliminar del campo científico numerosas disciplinas que aportan conocimientos provechosos para el desenvolvimiento de la vida humana.

Como la Tesis del Diseño Inteligente (TDI) es acerca de acontecimientos históricos, es conveniente hacer un pequeño repaso del estatus epistemológico de las ciencias experimentales e históricas, con el objeto de ganar un entendimiento más claro y adecuado de estos campos gnoseológicos. Una perspectiva justa y equilibrada de la situación del conocimiento científico constituye un requisito importante en la comprensión de la TDI.

Este trabajo es solo un esbozo de este complejo tema epistemológico. Primero abordaré en forma esquemática las características epistemológicas de las ciencias experimentales y de las ciencias históricas, sus posibilidades y sus limitaciones. Luego, veremos la TDI como ciencia histórica.

CIENCIAS EXPERIMENTALES

Los filósofos de las ciencias distinguen dos tipos de ciencias de acuerdo a su meta: las ciencias experimentales (algunos autores también las llaman "observacionales" u "operacionales") y las ciencias históricas. Las investigaciones de las ciencias experimentales se dirigen a buscar (o experimentar con) las leyes de la naturaleza, estudiando las regularidades observadas en los objetos naturales ('ciencias nomotéticas' en contraste con 'ciencias ideográficas', de hechos singulares históricos (1)).

Estas ciencias trabajan primariamente con datos empíricos y procedimientos experimentales controlados, son regulares y replicables; aún más, se exige replicabilidad por otros investigadores, para asegurar consenso y objetividad interpersonal; operan con datos observables directamente, o mediante instrumentos apropiados, reconocidos como tales por la comunidad científica.

Sin embargo, en estas ciencias se hacen descubrimientos científicos sólidos de eventos no directamente visibles o repetibles, porque se trata de cosas que son muy pequeñas o, muy grandes o, difícilmente asequibles. Así tenemos que las observaciones realizadas en los últimos cien años por la física, la química, y otras ciencias naturales, son observaciones indirectas de los efectos que generan los objetos estudiados; por ejemplo un electrón no se visualiza directamente, pero una cámara especialmente preparada permite 'ver' su trayectoria. Además, estas ciencias proyectan sus teorías y leyes naturales a regiones de acceso muy limitado, en donde no se puede confirmar experimentalmente su validez; así en astronomía y física, las leyes naturales de gravedad y movimiento, observadas y confirmadas en nuestro ambiente y en nuestros laboratorios, se aplican a lejanos cuerpos celestes, como por ejemplo al planeta Júpiter para estudiar y comprender su dinámica estelar. La legitimidad de esta aplicación se comprueba cuando las teorías físico-astronómicas, de las cuales las leyes proyectadas forman parte, consiguen predicciones acertadas del comportamiento del movimiento astronómico: la observación de una órbita elíptica, en el ejemplo de Júpiter. En la confirmación de las predicciones se comprueban las leyes envueltas en la teoría: la lógica propaga la verdad de las premisas hasta las conclusiones. Este mismo método se aplica a situaciones subatómicas, y cosmológicas, probándose las teorías y leyes aplicadas mediante sus predicciones que poseen elementos observables. Entre más aplicaciones y predicciones exitosas se efectúen, mayor será el grado de fidelidad de las teorías y de las leyes de la naturaleza envueltas en ellas. (2) De modo que las teorías científicas en sí, y su aplicabilidad a escenarios en los que no se pueden comprobar directamente, están siempre sometidos a revisión.

Desde el punto de vista lógico, las ciencias experimentales --basadas fuertemente en la lógica inductiva--, no entregan una 'verdad' incontestable, ni absoluta; y además están invariablemente constreñidas por los supuestos desde los que formulan sus teorías, y por los métodos que utilizan.

Dentro de las ciencias que estudian los fenómenos naturales actuales hay numerosas situaciones en que no es posible hacer experimentación controlada por los investigadores. En estos casos se recurre a la observación ('ciencias observacionales' propiamente tales) de situaciones naturales no manipulables o parcialmente controlables por el ser humano, para elaborar hipótesis que provean una comprensión teórica de los datos considerados, y ofrezcan predicciones de su comportamiento para comprobar su vigencia. Estas 'ciencias observacionales' se pueden catalogar como cercanas a las ciencias experimentales, para formar un grupo diferente a las ciencias históricas que estudian lo sucedido en el pasado. Sin embargo, las ciencias observacionales se asemejan a algunas ciencias históricas (como en astronomía y cosmología), con la diferencia que unas estudian fenómenos actuales y las otras, fenómenos ocurridos en tiempos pretéritos, pero sus procedimientos metodológicos tienen similitud.

CIENCIAS HISTÓRICAS

Las ciencias históricas (también conocidas como 'ciencias del origen' o 'ciencias forenses' o 'ciencias descriptivas') se utilizan en disciplinas como la arqueología, ciencias forenses, geología, biología, astronomía, etc. Estas ciencias estudian objetos y sucesos pasados para conocer sus características, su cronología, su historia causal y su origen; también estudian objetos o situaciones observables en la actualidad a los que se quiere conocer su pasado y su comienzo. En el primer grupo no hay posibilidad de observación directa, ni experimentación alguna. En el segundo grupo tenemos un objeto/suceso presente cuya historia pasada se desea conocer, es observable y susceptible de ser sometido a estudios de laboratorio; sin embargo hay que considerar que estos sucesos u objetos pueden haber sufrido efectos heterogéneos que distorsionan su pasado original. En ambos grupos, obviamente más en el primero que en el segundo, se presenta un problema de acceso epistémico a la historia del tema estudiado.

Hay que tener presente que hay numerosos fenómenos naturales pasados que continúan repitiéndose en el presente por lo que su estudio no difiere radicalmente de los usualmente utilizados por las ciencias experimentales correspondientes, por lo demás ambos tipos de ciencia trabajan en forma complementaria en numerosas investigaciones científicas. Otros fenómenos pasados no se vuelven a repetir, o son únicos en la historia del planeta. Todos los fenómenos que ya no son observados en el tiempo actual, requieren para su estudio una metodología diferente. Algunos de estos acontecimientos pasados es posible replicarlos y estudiarlos en un laboratorio, pero para muchos –particularmente los más significativos y polémicos (origen de la vida, de las especies, etc.)--, su replicabilidad no es posible: o no se conocen adecuadamente las condiciones iniciales en que ocurrieron, o, simplemente, esas posibles condiciones no son reproducibles adecuadamente en un laboratorio. Son estos fenómenos y sucesos pasados a los que se abocan por excelencia las ciencias históricas.

Estudio de las huellas del pasado y elaboración de las hipótesis históricas

Sin tener posibilidad de observación ni de experimentación de los sucesos pasados, la elaboración de las hipótesis de las ciencias históricas no es tarea sencilla. Pero es claro que el mundo que conocemos deriva del pasado, y éste no desaparece sin dejar sus huellas en la actualidad, rastros que informan de su historia; esto es posible gracias a que se postula un '**principio de uniformidad**' en el desarrollo de los cambios del mundo --en el espacio y tiempo--, en lo que se refiere a procesos y leyes de la naturaleza.

Gracias a esta derivación del presente del pasado, muchas disciplinas que trabajan con ciencias históricas, elaboran hipótesis mediante la observación y estudio objetivo de vestigios y remanentes de épocas anteriores, que se considera están directa o indirectamente relacionados con el suceso histórico que se estudia, y que los científicos se esmeran en encontrar. Hay que tener presente que estas huellas pueden estar alteradas por diversas causas, por lo que se deben identificar lo mejor posible para su mejor interpretación. Como se comprenderá fácilmente, en estos variados y complejos estudios de vestigios y remanentes, la complementariedad de las ciencias históricas y de las ciencias experimentales se hace evidente. Las ciencias experimentales estudian los rasgos naturales para ser interpretados en la reconstrucción histórica. También los modelos computacionales pueden contribuir en este proceso, pueden sugerir, por ejemplo, qué buscar en la naturaleza, pero no pueden reproducir las complejas y malamente conocidas circunstancias que acompañaron al suceso del pasado.

El estudio de las huellas del pasado que se consideran cercanas o relacionadas al suceso histórico en examen, comienza naturalmente con un análisis interpretativo de estos rasgos naturales actuales, para construir una hipótesis causal que las explique. Pero esto no es fácil, porque los vestigios y rastros del pasado pueden ser diversos y dan cabida a hipótesis separadas. Esta reconstrucción histórica es un proceso dinámico, en el sentido que a medida que se descubren nuevos rastros y se consideran distintas posibilidades explicativas, las hipótesis formuladas inicialmente van ajustándose y variando, lo que a su vez estimula la búsqueda de más huellas relevantes. Las inferencias que se hacen de los vestigios no son inferencias lógicas, sino que más bien, las hipótesis surgen cuando se investigan progresivamente los vestigios y se establecen relaciones causales, hasta encontrar los rasgos naturales que mejor explican el fenómeno estudiado. En este proceso de búsqueda se van formulando hipótesis diversas de acuerdo a los hallazgos encontrados, hasta hallar los fenómenos naturales que explican causalmente en forma más amplia y satisfactoria el material que se estudia; aunque esto no siempre es posible quedando las diversas hipótesis hilvanadas en una teoría más vasta y comprehensiva.

Los epistemólogos tienen una visión un tanto dispar de cómo se procede en esta de reconstrucción histórica. Cleland (3. 4. 5. 6) (epistemóloga de las ciencias históricas) señala que las teorías filosóficas de las explicaciones en las ciencias históricas colocan la responsabilidad explicativa en los rasgos causales del mundo, en vez de las leyes naturales como sucede en las ciencias experimentales (aunque claro está, las causas pasadas, como las presentes, están dinamizadas por las leyes naturales). Cleland (4:17-18) explica que los tipos de explicaciones que se usan en las ciencias históricas son fundamentalmente dos: 'la explicación narrativa' y 'la explicación de causa común'. La explicación narrativa se emplea más comúnmente en las ciencias humanas como psicología, sociología, etc., pero también en otras disciplinas diferentes, y consiste en la elaboración de una 'historia' secuencial de sucesos causales, coherente e intuitivamente continua que termina en los fenómenos (huellas presentes) que necesitan explicación. Como esta cadena causal de sucesos es quebrada, este procedimiento contiene muchas omisiones y adiciones, lo que le resta credibilidad epistémica.

La 'explicación de causa común' intenta formular de un modo confiable la manera de inferir que las huellas disponibles en el presente son efectos de una causa común histórica. Para este efecto se recurre al 'principio de causa común' que sostiene que las correlaciones y similitudes en los vestigios y rastros presentes --aparentemente coincidencias improbables--, se explican mejor con una referencia a una 'causa común'; entre más improbables son las coincidencias, más atractiva psicológicamente es la inferencia de 'causa común'. Pero esta inferencia no es 'necesaria', sino solo muy probable, ya que pueden haber causas independientes que las expliquen con hipótesis causales diferentes. Los dos tipos de modalidades de explicación causal se combinan en las ciencias históricas, la 'causa común' provee la parte empírica.

El 'principio de causa común' es una conjetura que se realiza epistemológicamente cuando una causa no puede ser lógicamente deducida de la hipótesis, e implica la suposición metafísica de la estructura temporal de las relaciones causales del mundo. Algunos epistemólogos sugieren que este principio es solo una estrategia metodológica. Pero para Cleland, la estructura temporal de las causas, es una 'realidad' que consta de considerable 'respaldo empírico', esta autora se refiere con esto, a la estructura de asimetría de sobre-determinación del pasado sobre los vestigios presentes, y esta asimetría es la que justifica la invocación de 'causa común'. Cleland (4:21) piensa que todos los fenómenos físicos sobre el nivel quántico presentan sobredeterminación, y cita para ejemplificar esta tesis, las erupciones volcánicas supuestamente consecuencias de la segunda ley de la termodinámica. La autora señala que los fenómenos eruptivostienen solo una dirección en el tiempo, son irreversibles, nunca se ha visto que un volcán revierta su curso para volver al estado inicial. También cita como ejemplo de la estructura causal asimétrica, la propagación de las ondas electromagnéticas, y de todas las ondas, que invariablemente lo hacen esparciéndose hacia fuera desde su centro de origen. Esta característica de los fenómenos naturales, de irreversibilidad en el tiempo y de expandirse como un tenedor, dan –de acuerdo a Cleland--, justificación al 'principio de causa común' en las coincidencias inesperadas, improbables, observadas en los vestigios/remanentes en el sitio del suceso. Estas coincidencias de los rastros en una localización espacio/temporal (en un lugar y al mismo tiempo), con la dinámica de los fenómenos (reversibilidad y expansión de los acontecimientos naturales), apuntan a una 'causa común'.

La tesis de la asimetría sostiene que en nuestro universo, los sucesos están conectados en el tiempo de una manera asimétrica. De modo que, la mayoría de los sucesos (fenómenos) localizados (lugar y tiempo) sobre-determinan sus causas pretéritas (por estar determinados por ellas). Pero, en esta estructura causal del mundo se observa una determinación pobre para predecir efectos futuros, porque los rasgos con que se cuenta en un momento dado para predecir la aparición de un suceso, raramente constituyen la causa total de un efecto (nótese la asimetría). Esta asimetría estaría explicada según Cleland, por la irreversibilidad de los acontecimientos naturales en el tiempo, y fundamentalmente, por sus características de expandirse como un tenedor (comparación usada por la autora); los acontecimientos vienen del pasado y se dispersan hacia el futuro. De manera que, desde los efectos –presentes-, es posible inferir epistémicamente el pasado como su causa (aquí no hay inferencia causal, puesto que los efectos no causan sus causas); pero hacia el futuro, los fenómenos localizados presentes, fenómenos indicativos de una posible ocurrencia de un fenómeno (calderas en un volcán no anuncian necesariamente una erupción), no predicen ni causal ni epistémicamente la ocurrencia de ese fenómeno o suceso. Esta autora dice: "...es claro que los científicos algunas veces logran una buena comprensión de cómo un suceso fue causado, sin ser capaces de predecir su ocurrencia." (4:17) Un ejemplo de esta situación son los terremotos, se explican bien sus causas, pero no se predicen satisfactoriamente terremotos futuros, aunque existan rasgos indicativos (por ejemplo ruidos -ondas— subterráneas) de un posible temblor de tierra: no son suficientes para una predicción certera, aunque el núcleo de la teoría sea válido. (2)

Esta autora basa su tesis de la asimetría en condiciones metafísicas naturales (irreversibilidad y expansión de los acontecimientos naturales), apoyadas por evidencia empírica, sin embargo se podría entender este fenómeno, solo desde un punto de vista epistemológico: basta la presencia de algunos efectos significativos y típicos para inferir sus causas, puesto que se sabe (de antemano) que esas causas producen estos efectos; pero predecir futuros sucesos es más difícil, porque se requiere conocer numerosos factores etiológicos para la ocurrencia de efectos, y estos factores no son todos conocidos para realizar una predicción certera.

Cleland (3) ilustra la estructura causal del mundo con un ejemplo de la geología: consideremos, nos dice, el estudio histórico de una formación geológica de posible erupción volcánica; es sabido que los efectos de una erupción incluyen extensos depósitos de ceniza, restos piroclásticos (originados a altas temperaturas), masas de magma andesítico (propio de los Andes, con gruesos cristales) o riolítico (rico en sílice), y un amplio cráter (este puede estar cubierto de tierra y no ser observable a simple vista). Con este conocimiento, si se encuentran estos rasgos naturales, aunque sea en pequeñas cantidades, se puede inferir que la formación geológica en examen, es producto de una erupción volcánica; estos hallazgos descartan otras hipótesis competitivas que se hayan formulado para explicar algunos vestigios y el objeto histórico estudiado. Pero, esta inferencia no es absoluta, siempre existe la posibilidad de que no se haya encontrado otro rastro natural que explique, aún mejor el suceso estudiado y los vestigios relacionados, de modo que la hipótesis seleccionada tiene carácter probabilístico.

De manera que cuando se tienen diversas hipótesis causales para explicar los rastros del pasado, cuando se encuentra una causa explicativa del origen de un rasgo presente, se asume (y/o se sabe) que los rasgos que muestran correspondencia y similitud con el rasgo explicado, obedecen a la misma causa, a una causa común. Cleland (4:22) escribe: "Una hipótesis de causa común que explica mejor que otras hipótesis la totalidad de la evidencia disponible se considera que es más probable que sea verdadera".

Como ocurre habitualmente en filosofía, la tesis de Cleland no es aceptada por algunos autores que argumentan que los efectos presentes (vestigios) no están sobre-determinados por el pasado, sino pobremente determinados, porque los vestigios están alterados y degradados por causas heterogéneas, o simplemente porque no se encuentran. También se argumenta que las similitudes y correspondencias improbables de rastros del pasado que se encuentran en la localización del evento histórico estudiado pueden tener causas distintas, apoyadas adecuadamente con razones teóricas y también empíricas; Cleland, sin embargo, acepta estas excepciones sin abandonar su tesis.

Vestigios indirectos del suceso histórico estudiado. Estos vestigios corresponden a la época histórica del suceso u objeto estudiado, pero se analizan y estudian independientemente del tema analizado. Su estudio e investigación puede ayudar a construir la situación contextual del hecho histórico y facilitar su comprensión. Pero más importante, en algunos casos, pueden aún generar líneas de evidencia que dan cuenta del hecho histórico estudiado. Las hipótesis que se generan en estas investigaciones realizadas y 'probadas' en forma independiente, se integran en un cuadro cronológico histórico causal, que si explica el tema que se examina, se considera una hipótesis/tesis amplia que comprende el suceso/objeto histórico analizado. Se trata en estos casos de una convergencia de líneas de evidencia independientes que apoyan la validez de una hipótesis histórica; entre más líneas de evidencia independiente que participen en este proceso, mayor es la confianza en la hipótesis formulada. La independencia de las líneas de evidencia es importante, porque muestra que los resultados obtenidos en estas líneas de evidencia, es improbable que se deba a una simple 'causa común' para todas ellas. En otras palabras, hay evidencias de distintas causas que explican la situación histórica en estudio. Este procedimiento epistemológico envuelve naturalmente la participación de numerosas hipótesis auxiliares organizadas causalmente en las líneas de evidencia que confluyen. (7) Esta es una operación compleja que envuelve estudios e investigaciones a diversos niveles y aspectos de los remanentes y huellas investigadas para poder así, elaborar las líneas de evidencia que se van uniendo para proveer una teoría más amplia de la situación histórica que da cuenta del tema estudiado. Esta explicación de distintas causas hilvanadas en una cronología histórica, parece corresponder a lo que Cleland llama "explicación narrativa", la construcción de una narrativa causal histórica".

En suma los estudios de vestigios y remanentes conducen a la elaboración de una hipótesis histórica cuando estos estudios logran encontrar una explicación causal de amplio espectro, pero si esto no ocurre, es posible que surjan distintas hipótesis en competencia, o formando una reconstrucción histórica (narrativa) del periodo que engloba y explica el suceso estudiado. Es importante recalcar que, aunque se logre una explicación causal común satisfactoria, o una reconstrucción histórica plausible con hipótesis causales diferentes, los resultados no se consideran definitivos ni absolutos, las investigaciones continúan, refinando las hipótesis o cambiándolas; una situación epistémica no diferente de las ciencias experimentales. De cualquier modo, estos estudios no son deductivos ni tienen confirmación lógica, son explicaciones causales, ya se deriven de estudios empíricos realizados en el campo estudiado, o sean conjeturas en base a conocimientos actuales, o a interpretaciones teóricas de la naturaleza de las relaciones causales en el mundo.

Elaboración de una hipótesis en ausencia de vestigios y huellas relevantes. En los casos en que las ciencias históricas no cuenten con evidencias colaterales de indicios y remanentes, estas recurren a otros conocimientos presentes que pudieran explicar el suceso histórico estudiado; las conjeturas que se elaboran acerca de sucesos históricos están vasados en posibilidades de relaciones causales. Se busca una 'causa adecuada' que pueda explicar la situación histórica, para ello se requiere una experiencia repetida de una sola causa que produzca tal efecto; una causa existente, no especulativa. Este es un procedimiento de tipo analógico; se realiza un verdadero 'salto', de lo presente a lo pasado, sin contar con vestigios directos o indirectos que conecten el presente con el pasado (conexión causal, aunque solo apoyen la hipótesis en forma probabilística). Esta operación explicativa que recurre al presente para inferir el pasado, sigue la lógica abductiva que presenta las hipótesis --elaboradas de la observación de fenómenos actuales--, como una inferencia a la mejor explicación disponible en este procedimiento lógico, las premisas no garantizan necesariamente las conclusiones. Este 'salto' analógico constituye un paso que algunos filósofos de las ciencias consideran una debilidad epistemológica. Esta situación de analogía es particularmente clara en aquellas ciencias históricas en que los vestigios/remanentes son dudosos o ausentes; pero se puede decir que la misma dinámica epistemológica y lógica, se utiliza en los estudios de vestigios, en las que las inferencias causales realizadas se realizan en base a los conocimientos logrados de los análisis de las huellas presentes, inferencias que tienen mayor o menor carácter probabilístico dependiendo del material obtenido en las investigaciones realizadas.

Confirmación de las hipótesis históricas. La confirmación empírica de las hipótesis históricas comienza con la observación y análisis de los vestigios asociados al objeto histórico estudiado. Naturalmente esta 'confirmación' de la hipótesis/teoría está en estrecha relación con la capacidad de explicar el fenómeno histórico en cuestión; esta es una confirmación que se va construyendo conjuntamente con la elaboración de la hipótesis/teoría.

Pero las 'pruebas' empíricas, no terminan con el examen de los vestigios y remanentes exigido por la ciencia histórica, se requiere además --en lo posible--, que las hipótesis/teorías históricas engendren 'predicciones' verificables, de consecuencias y efectos. Las predicciones en las ciencias experimentales, se derivan lógicamente de las hipótesis/teorías, más la información de fondo --circunstancial o general--, pero estas características, de acuerdo a Cleland (4:8), se dan muy raramente en las ciencias históricas.

Las hipótesis/teorías de las ciencias experimentales están basadas en leyes de la naturaleza y poseen una estructura lógica que permite realizar afirmaciones generalizables y sin excepción del fenómeno estudiado, y así se pueden formular predicciones acerca del futuro del suceso analizado. De este modo, una buena explicación en las ciencias experimentales, es potencialmente una predicción. Esto no ocurre en las en las ciencias históricas, en éstas raramente se realizan generalizaciones, porque la cadena causal entre lo que ocurrió en el pasado y los vestigios/remanentes presentes, es muy larga, compleja y llena de intersecciones que impiden una predicción razonablemente vigorosa. En geología por ejemplo, se han estudiado los terremotos pasados, pero estos complejos procesos no se pueden reducir a claros y bien estructurados procesos físicos, sin contingencias, para asegurar un alto grado de generalización, y poder realizar una predicción adecuada de terremotos futuros. Los científicos simplemente no saben todo lo que ha ocurrido en esta larga historia de procesos, las intersecciones causales y contingencias son complejas y variadas. Cleland escribe: "Uno no puede inferir predicciones capaces de jugar un rol crucial en la evaluación actual de hipótesis de generalizaciones sentadas en tal alto grado de contingencia. (4:16)

No obstante esta limitación, las 'predicciones' juegan un rol importante en la confirmación de teorías, para ambos tipos de ciencia, aunque las predicciones en las ciencias históricas son particularmente de hallazgos posibles de efectos derivados del suceso histórico, esto es, descubrimiento de nuevos rasgos naturales y vestigios explicados por la hipótesis/teoría, y no una predicción del comportamiento futuro de los fenómenos naturales estudiados. La predicción de las ciencias históricas no se refiere, a lo que sucederá en el futuro, sino más bien describe lo sucedido, y lo que se puede encontrar como su consecuencia. Sin embargo, en algunas disciplinas que usan ciencias históricas se 'predicen' observaciones de sucesos naturales actuales; como ejemplo, se puede mencionar la teoría del Big Bang, las numerosas predicciones formuladas en base a esta tesis, han sido empíricamente verificadas, lo que ha consolidado su aceptación científica. También se puede citar una predicción verificada de una teoría histórica, cuando se detecta un flujo de neutrinos en un área del firmamento, que indica la pronta aparición de luz proveniente de la explosión de una estrella muy lejana, aunque esta supernova haya ocurrido ciento de miles de años atrás, tal como lo estipula la teoría histórica astronómica pertinente. (8) Pero en rigor se podría argumentar que no son verdaderas predicciones de futuros acontecimientos, sino consecuencias de un suceso pretérito.

Muy raramente una hipótesis histórica es rechazada por fallar una predicción, particularmente de predicciones de acontecimientos futuros; pero una predicción de consecuencias y hallazgos es muy significativa epistemológicamente para estas hipótesis. Las predicciones, en general, no se pueden usar como la regla de oro para probar las hipótesis históricas. Las hipótesis históricas naturales son fundamentalmente de los 'orígenes' de situaciones pasadas, buscan causas en las huellas de este pasado. Las predicciones de estas hipótesis históricas son más bien guías para buscar rastros naturales que ayuden a completar la reconstrucción histórica, y a refinar, e incluso cambiar la hipótesis histórica vigente. Claro está, muchas huellas del pasado relevantes para el tema estudiado, son descubiertas casualmente. Obvia decir que tampoco las hipótesis históricas se pueden probar experimentalmente, simplemente no se pueden reproducir en forma controlada las condiciones históricas en que sucedió el suceso.

Es oportuno señalar con justificada alarma, que muchas teorías/hipótesis 'científicas' que intentan explicar orígenes de algunos eventos pasados, como el origen del universo y el de la materia/energía, caen fácilmente en fragrante especulación matemática (metafísica fisicomatemática), omitiendo las predicciones y verificaciones, perdiendo, de este modo, contacto con la 'evidencia empírica', aunque esta sea indirecta; basta mencionar en este sentido, las hipótesis/teorías de los multiuniversos, y otras similares, nutridas más por una vehemente ideología, que por un sano espíritu científico.

Inferencia a la mejor explicación. Las hipótesis históricas elaboradas a partir de los conocimientos actuales, empíricos o conjeturas, de posibles relaciones causales, se presentan como una inferencia a la mejor explicación disponible, para describir y comprender causalmente el suceso u objeto histórico en estudio. En esta explicación, se cuentan las observaciones e investigaciones de los vestigios directamente asociados al suceso/objeto estudiado y los resultados de las investigaciones independientes de los indicios indirectos que pudieran haberse encontrado presentes en la actualidad.

Naturalmente la mejor hipótesis es la que posee mejor capacidad explicativa del hecho histórico, y que además ofrece vías de investigación, y poder para realizar predicciones de rasgos asociados al tema en análisis. Las ciencias históricas que no cuentan con estudios de vestigios y/o remanentes para elaborar sus hipótesis/teorías, o sea, carecen de un lazo material-causal que conduzca al tema estudiado, hacen un "salto analógico" más marcado y profundo que las hipótesis con estudio empíricos de huellas y rastros.

Por estas características de la metodología de las ciencias históricas, estas ciencias no poseen la precisión de las hipótesis/teorías lógicamente estructuradas, habitualmente matematizadas, basadas en las 'leyes de la naturaleza' de las ciencias experimentales, leyes regulares que permiten explicaciones y predicciones que se pueden comprobar empíricamente. Las ciencias históricas utilizan la lógica abductiva, que propone examinar una masa de hechos, y en permitir que estos hechos sugieran una hipótesis; este proceso también se utiliza en la construcción de hipótesis/teorías experimentales, pero con la diferencia que en estas ciencias, las proposiciones hipotéticas pueden ser sometidas a experimentación y generan predicciones posibles de comprobar. En cambio en las ciencias históricas las hipótesis no son susceptibles de experimentación, ni generan predicciones de acontecimientos futuros, por lo que se presentan como la mejor explicación disponible al problema histórico que se analiza. En otras palabras, la lógica abductiva de las ciencias históricas no garantiza certeza en las hipótesis elaboradas. La lógica abductiva tiene un cierto grado de conjetural en sus conclusiones, que en las ciencias históricas se hace más notorio, en cuanto sus hipótesis se alejan más del análisis de vestigios y remanentes que las conectan con un componente empírico.

Por ende, las ciencias históricas son tachadas por algunos autores, como 'probabilísticas', con mayor o menor grado de certeza según su capacidad explicativa, y su aptitud en generar nuevas investigaciones.

La complejidad y las dificultades de acceso epistémico de las ciencias históricas disminuyen la precisión y certeza de las hipótesis formuladas. Las hipótesis de las ciencias históricas están sometidas a revisión, como también lo están las hipótesis las ciencias experimentales, ya sea porque se han generado nuevos descubrimientos de vestigios y hallazgos naturales o, por revisiones y reajustes teóricos. El avance tecnológico puede traer nuevos descubrimientos de rastros naturales que cambien la situación teórica.

Pero como ya se ha apuntado más arriba, todo conocimiento científico, ya sea proveniente de la ciencia experimental o, de la ciencia histórica, no posee carácter absoluto, es siempre susceptible de ser modificado para un mejor entendimiento y exploración del mundo en que vivimos.

Productividad científica de las hipótesis. Según el canon de las ciencias experimentales, es muy importante epistemológicamente que las hipótesis/tesis elaboradas demuestren una significativa capacidad de generar predicciones (inferencias desprendidas de la teoría) del comportamiento de fenómenos naturales, y abran vías de investigación productivas para el progreso científico. Este requerimiento es también válido para las ciencias históricas, pero, como ya hemos visto, las explicaciones y predicciones en las ciencias históricas tienen un carácter diferente, fundamentalmente porque su objetivo es explicar sucesos pasados y no el predecir comportamientos futuros como las ciencias experimentales; de aquí que para algunos epistemólogos las predicciones de acontecimientos futuros, no son esenciales para estas ciencias. Sin embargo, una ciencia histórica capaz de, no solo explicar el objeto/suceso en estudio, sino además 'predecir', otros aspectos no considerados inicialmente, y así expandir la investigación, tiene sin duda más valor epistémico que la que solo explica unos pocos aspectos del tema. De poco valor para la ciencia es tener una hipótesis/tesis que solo explica características de un fenómeno, y su posible origen, sin ofrecer posibilidades de expandir el conocimiento; se trataría de una hipótesis débil y, más bien estéril.

Las ciencias históricas cubren actividades gnoseológicas en diferentes disciplinas, con diferentes tipos de objetos/sucesos del pasado, con o sin vestigios disponibles, por lo que se encuentran variaciones metodológicas y epistémicas. Es bien sabido y aceptado que no existe un solo "Método Científico" para las ciencias, y naturalmente también están incluidas las ciencias históricas en esta máxima.

Valor epistémico de las ciencias históricas. El prestigio desmesurado –e irreflexivo-- de las ciencias experimentales y algunas consideraciones de tipo ideológico, llevaron a algunos autores a proponer que las ciencias históricas no son propiamente ciencias, con lo que eliminaban de un plumazo los importantes conocimientos derivados de la paleontología, geología, astronomía y otras importantes disciplinas. Esta es una visión errada del valor epistémico de estas ciencias, es cierto que hay diferencias metodológicas entre ellas, pero también comparten fuertes semejanzas en lo que se refiere a la búsqueda de la 'verdad' del objeto estudiado, y un esmerado cuidado por referencias empírica de las hipótesis elaboradas. Las ciencias experimentales y las ciencias históricas no son en modo alguno antagónicas, sino todo lo contrario, se complementan muy a menudo en diversos estudios.

Algunos autores consideran a las ciencias históricas más débiles epistemológicamente que las ciencias experimentales. Lo primero que se debe tener presente en esta comparación es que ambos tipos de ciencias son utilizados por muchas disciplinas dispares en lo que respecta al tipo de objeto estudiado y a las condiciones de análisis; de modo que las comparaciones son difíciles de realizar, y más aún, es extraer conclusiones generales. No es de extrañar entonces que los filósofos de las ciencias no tengan una opinión unánime respecto de la calidad epistémica comparativa de estas ciencias.

Hay, sin embargo, filósofos que no participan de una opinión derogatoria de las ciencias históricas, y consideran que ambas ciencias poseen el mismo valor; por ejemplo se dice que ambos tipos de cienciason capaces de seguir la causalidad de las leyes naturales y se pueden estudiar regularidades particularmente cuando se trata de eventos que se repiten o, son similares; también Cleland (4. 5) ha postulado una asimetría causal natural de los acontecimientos en el tiempo, con distintas formas de racionalidad para las evidencias científicas, con lo que las ciencias históricas tendrían tanta legitimidad epistemológica como las ciencias experimentales. Con respecto a la 'certeza' de las ciencias, no debe olvidarse que las ciencias experimentales, contrario a la opinión popular, no nos entregan 'verdades absolutas', sus hallazgos y logros están siempre sometidos a desafíos y cambios; son 'verdades' que tienen un carácter acotado por los supuestos teóricos envueltos, y la metodología utilizada en su consecución, estos conocimientos tienen un carácter perspectivista y transitorio. Las ciencias no "prueban" una verdad inamovible y eterna de la 'realidad', sino hipótesis/teorías con las que la mente del hombre se afana en comprender y manejar el mundo. El intento de entender la 'realidad en sí' pertenece a la metafísica.

Pienso que para evaluar el valor epistémico de una ciencia, de cualquier tipo que se trate, se debe analizar el caso particular considerando, el objeto estudiado con las posibilidades de acceso epistémico existentes, la metodología empleada, el respaldo empírico con que cuenta, y su productividad en avanzar el conocimiento de la ciencia.

TESIS DEL DISEÑO INTELIGENTE (TDI)

La TDI sostiene que la aparición de algunos rasgos del universo, particularmente de los seres vivos, se explican mejor como productos de una acción inteligente, que como meros resultados de leyes físicas combinadas con el azar. Simplemente, para que estos rasgos, tan complejos, finamente configurados y funcionalmente dirigidos a un fin o meta --o sea, diseñados--, aparezcan fortuitamente, se requeriría un espacio de posibilidades que rebasa el tiempo de la edad conocida del universo; las leyes matemáticas de las posibilidades descartan esta posibilidad en forma abrumadora.

Algunos autores proponentes de la TDI han desarrollado criterios para diagnosticar los rasgos que en la naturaleza se pueden calificar de diseñados, por su complejidad y sensible especificidad. Michael Behe (9), por ejemplo, habló de complejidad irreducible de las estructuras biológicas complejas para indicar que todos sus elementos son indispensables y necesarios para realizar su función teleológica; y, William Dembski (10), en un sentido más amplio, desarrolló un método matemático riguroso y sistemático: 'filtro explicativo', que es una guía para ayudar a los investigadores en el análisis de los objetos naturales, y diferenciar las configuraciones generadas por necesidad, azar y diseño.

Stephen Meyer (11), otro proponente teórico importante de la TDI, utiliza la admirable complejidad del ADN (ácido desoxirribonucleico) --pieza fundamental en el sistema genético celular--, para ilustrar la complejidad y la organización específica de sus elementos químicos constitutivos, y poder así, portar mensajes biológicos funcionales; esta formación biológica primordial para la vida no pudo haberse gestado por mera necesidad y azar en la primera célula que vivió en el planeta.

En esta presentación Meyer recalca que la TDI cumple con los requisitos metodológicos de las ciencias históricas. En este caso de la TDI, la ciencia histórica no cuenta con la presencia de vestigios ni rastros que conduzcan a entender causalmente la aparición de esta estructura biológica; solo tenemos la presencia de otras configuraciones similares, con complejidad y especificidad. Frente a esta situación, la TDI busca una 'causa adecuada' para los mensajes de tipo digital codificados en la estructura del ADN, y ésta se encuentra en las estructuras del lenguaje humano que corresponden perfectamente a la codificación digital e integración de los mensajes biológicos. La comunicación humana es producto de la mente del hombre, de la inteligencia humana; no hay ninguna otra causa conocida que lo genere. De esta manera la TDI cumple con el requisito de encontrar una 'causa adecuada' en el mundo presente; un ser inteligente, que causa –genera--, mensajes digitales codificados: el ser humano. Con esta 'causa adecuada' la TDI se dirige al pasado, y postula una acción inteligente –un agente inteligente--, como la mejor hipótesis disponible en el presente, para explicar el origen de las estructuras genéticas biológicas de la célula inicial en la cadena de la vida. La TDI es la mejor hipótesis disponible para esclarecer causalmente, la procedencia de esta configuración compleja y especificada del ADN. (11:330-344)

Desde otra perspectiva se puede argumentar que en este proceso de búsqueda de una 'causa adecuada', se recurre a una 'causa común': agente inteligente; claro está, no como lo presenta Cleland, porque aquí en la TDI, no se están uniendo causalmente un fenómeno histórico en estudio (origen de las estructuras complejas y específicas del ADN), con 'vestigios' o 'remanentes', porque la inteligencia diseñadora del ser humano no es precisamente ni vestigio, ni remanente de esas estructuras biológicas. No obstante la capacidad creadora del hombre es una verdad innegable, nada menos que un agente inteligente que genera diseño y hace ciencia, una situación extraordinaria que plantea el interesante problema de su origen; un problema que permanece oscuro para la ciencia materialista.

La hipótesis de la TDI explica muy bien la configuración de la estructura y función mensajera del ADN (y de todo el sistema genético celular) con la analogía de las formas del lenguaje humano; y consistente con la experiencia cotidiana del hablar de los hombres propone un 'agente inteligente' como el origen de la acción que genera las estructuras codificadas biológicas. Pero la TDI no se pronuncia en la caracterización de este agente, ni acerca de las posibles intenciones o propósitos que pudiera tener al realizarlas, ni tampoco ofrece 'mecanismos', procesos o procedimientos para explicar cómo esta acción se ha llevado a cabo. Se podría pensar que esta ausencia de explicaciones deshabilita la TDI, pero la analogía con la inteligencia creadora del ser humano es tan fuerte que se sostiene la Tesis como la mejor explicación disponible, a pesar de la carencia de los puntos mencionados.

La hipótesis de la TDI propone una causa, pero no estipula procedimientos operativos del cómo y porqué se realizó la acción inteligente, esto deja a la Tesis imposibilitada de hacer "predicciones" –pasadas, presentes y futuras--, acerca de una acción inteligente; simplemente estas han ocurrido, como se constata en la historia de la vida a muchos niveles de su desarrollo; la ciencia solo discrimina y diagnostica estas estructuras diseñadas. Pero como ya hemos visto, las predicciones del futuro no son el fuerte de las ciencias históricas cuyo objeto es la búsqueda de causas de sucesos pasados. No se puede en rigor argüir que esta limitación debilita particularmente la TDI. La firmeza de la TDI radica en la explicación convincente de que todo diseño conocido es producto de un agente inteligente. Aún más, esta hipótesis de la TDI es falseable, en cuanto se demuestre que estos rasgos pueden aparecer por otras causas diferentes; aunque la falsibilidad de una hipótesis/teoría no es un criterio absoluto para juzgar su vigencia, en este caso, dado su contenido, es un rasgo epistemológico significativo.

Sin embargo, como la hipótesis de la TDI postula un "diseño", se pueden hacer 'predicciones' basadas en esta concepción de la morfología funcional de los organismos vivos; naturalmente estas 'predicciones' no está basadas en ninguna 'ley' conocida que las garantice, y, además, el concepto de diseño requiere una elaboración conceptual más afinada para poder ejercer esta competencia con propiedad. Pero todavía se trata de 'predicciones' que pueden ser sometidas a comprobación. En este sentido es conocida la situación del ADN 'basura' –sectores del ADN que no codifican proteínas--, esta zona inerte se pensó corroboraba la Teoría Evolutiva como un área en que se acumulaban las mutaciones defectuosas en el curso de los siglos y milenios, un basural de la evolución; los proponentes de diseño no lo entendieron de esta manera, esta no podía ser una zona inactiva dentro de un diseño funcional, e hicieron la 'predicción' de que habían funciones aún desconocidas en esas secciones del ADN.

Las investigaciones posteriores han confirmado que esa zona de 'basura' tiene múltiples tareas esenciales para la actividad genética. (11:407) La TDI solo se limita a dar cuenta de lo ocurrido y a mostrar que en estas estructuras hay huellas de una acción inteligente en la forma de una complejidad especificada portadora de mensajes funcionales; esto es, un diseño. Estos mensajes funcionales se entienden perfectamente como "información", información biológica. Esto significa que la TDI abre un capítulo nuevo en la biología, y en las ciencias naturales en general, la información presente en la naturaleza misma. Este es un terreno que la ciencia comienza a estudiar e investigar, y ya se han generado numerosas investigaciones y predicciones en base a estos nuevos conceptos. (11:496-7) Pero este es solo el comienzo de una exploración de extraordinario significado. La ciencia histórica de la TDI ha abierto un campo fértil para ganar conocimientos más profundos y amplios del mundo en que vivimos.

La hipótesis de la TDI rompe claramente la regla dogmática del Naturalismo Metodológico (NM) que exige que todas las explicaciones científicas acerca de la naturaleza estén basadas en procesos y leyes naturales. Esta regla sin duda ha sido productiva en la actividad científica, pero la aparición de estructuras biológicas configuradas en forma inteligente no se puede explicar con los procesos físicos y químicos conocidos. De modo que la acción sobrenatural invocada por la TDI recurre a una creencia de carácter metafísico que, por lo demás, no debe extrañar ni sorprender, puesto que este tipo de creencias ha acompañado a la humanidad desde siempre. La oposición a esta apertura hacia lo sobrenatural está basada en otra creencia de carácter metafísico: el materialismo ateo. Pero es importante señalar también, la oposición pertinaz que esta Tesis ha encontrado en sectores religiosos que postulan y defienden un Naturalismo Teológico. (11) Esta situación muestra que el rechazo de la TDI es un problema fundamentalmente de tipo ideológico, no epistemológico.

BIBLIOGRAFÍA:

1. Gould, S.J. (1980). The promise of paleobiology as a nomothetic, evolutionary discipline. Paleobiology, 6: 96-118.
2. Mobile Terra Sistema (2012). "Origin Science, Historical Science, and Operation Science." http://evolvingcreation.com/origin-science-historical-science-and-operation-science
3. Cleland, Carol (2007). "Differences in the methodologyand justification of the field sciences and the classical experimental sciences". http://serc.carleton.edu/integrate/workshops/methods2012/essays/cleland.html
4. Cleland, Carol (2011). "Prediction and Explanation in Historical Natural Science" http://bjps.oxfordjournals.org/content/62/3/551.abstract
5. Cleland, Carol (2010). "Carol E, Cleland's perspective on 'evidential reasoning'. http://philosophyofscienceportal.blogspot.com/2010/08/carol-e-clelands-perspective-on.html
6. Cleland, Carol E. (2001). "Historical science, experimental science, and scientific method." http://www.bio.puc.cl/labs/clatorre/SemI/Cleland_2001_HistoricalScience.pdf
7. Forber, Patrick & Griffith, Eric (2011). "Historical reconstruction: Gaining Epistemic Access to the Deep Past". Philosophy and Theory in Biology. http://quod.lib.umich.edu/p/ptb/6959004.0003.003/--historical-reconstruction-gaining-epistemic-access?rgn=main;view=fulltext
8. Sikkema, Arnold (2012). "Origin Science and Operation Science." Post: Reformed Academic. http://reformedacademic.blogspot.com/search?updated-min=2012-01-01T00:00:00-08:00&updatedmax=2013-01-01T00:00:00-08:00&max-results=7
9. Behe, Michael (1996). "Darwin'Black Box: The Biochemical Challenge to Evolution." New York: Free Press.

10. Dembski, William (1998). "The Design Inference: Eliminating Chance Through Small Probabilities." Cambridge: Cambridge University Press.
11. Meyer, Stephen C. (2009). Signature in the Cell: DNA and the evidence for Intelligent Design. Harper One.
12. Ruiz Rey, Fernando (2014). Diseño inteligente y Teología neotomista.
http://www.oiacdi.org/articulos/DI_y_Teologia_natural.pdf
Julio del 2014

Made in the USA
Monee, IL
04 November 2026

67381915R00134